城市可持续发展标准化研究

Research on the City Sustainable Development Standardization

杨 锋 等◎著

中国标准出版社

北 京

图书在版编目 (CIP) 数据

城市可持续发展标准化研究 / 杨锋等著. — 北京 : 中国标准出版社, 2015.10
ISBN 978-7-5066-8029-5

Ⅰ. ①城…　Ⅱ. ①杨…　Ⅲ. ①城市经济—经济可持续发展—标准化—研究—中国
Ⅳ. ①F299. 2

中国版本图书馆CIP数据核字（2015）第196652号

出版发行	中国标准出版社 出版发行	印	刷	中国标准出版社秦皇岛印刷厂
	北京市朝阳区和平里西街甲2号（100029）	版	次	2015年10月第1版　2015年10月第1次印刷
	北京市西城区三里河北街16号（100045）	开	本	787mm × 1092mm　1/16
	总编室：(010) 68533533	印	张	12
	发行中心：(010) 51780238	字	数	233 千字
	读者服务部：(010)68523946	书	号	ISBN 978-7-5066-8029-5
网　　址	http：//www.spc.net.cn	定	价	48.00 元

如有印装差错　由本社发行中心调换

《城市可持续发展标准化研究》

著者名单

杨　锋　刘春青　李忠强　邢立强

前　言

20 世纪 70 年代以来，"可持续发展"逐步从理念走向战略并加以实施，成为全人类的愿景。城市是社会发展到一定历史阶段的产物，是人类创造文明和财富的主要载体，是社会进步和文明发展的象征。2007 年，世界城市人口占世界总人口的比重首次超过 50%，城市已经成为推动全球可持续发展的关键。近年来，全球城镇化进程不断加快，带来了巨大的经济效益，与此同时也引发了人口膨胀、资源短缺、环境污染等一系列严重问题，联合国经济和社会事务部、人居署、环境署、开发计划署、世界银行、经合组织、欧盟等国际组织，及欧美发达国家均加大了对城市可持续发展研究工作力度。

标准是城市经济、社会、环境协调发展的重要手段，是城市实现可持续发展的重要技术支撑。近年来，国际标准化组织（ISO）、欧洲标准委员会（CEN），以及欧美发达国家标准化组织十分重视城市可持续发展标准化工作。ISO 响应联合国、世界银行等国际组织及世界各国对城市可持续发展标准化的需求，于 2012 年 2 月 23 日批准成立 ISO/TC 268 城市可持续发展标准化技术委员会。其工作范围是：为各类城市提供支撑技术和工具，包括管理体系要求、指南和相关标准，不涉及城市发展建设方面的具体技术和标准，以推动各类城市实现可持续发展。

目前我国正在进行的城镇化，无论是规模还是速度，都是人类历史上前所未有的。著名经济学家斯蒂格利茨曾经指出："中国的城镇化和以美国为首的新技术革命将成为影响人类 21 世纪的两件大事。"过去三十多年，中国的城镇化水平从 1978 年的 17.9%提高到 2014 年的 54.77%，城市人口从 1.7 亿增加到 7.49 亿，预计到 2050 年城镇化率将提高到 80%，中国经济发展的轴心已经转向了城市。深入开展城市可持续发展标准化工作是落实《中共中央关于全面深化改革若干重大问题的决定》《国家新型城镇化规划（2014—2020 年）》等国家政策、规划的重要举措，是满足我国城市进程加快、实现城市协调发展的必然选择，也是满足城市居民对可持续发展新期盼的重要途径和方法。2011 年以来，针对城市可持续发展标准化发展情况，中国标准化研究院公共安全标准化研究所开展针对性研究。国家标准化管理委员会于 2012 年发文确定由中国标准化研究院牵头，中国科学院生态环境研究中心和中国城市科学研究会参与承担 ISO/TC 268 的国内技术对口工作，并由中国标准化研究院负责组建国内技术对口专家工作组。2011 年以来，我们承担了多项国家科技支撑计划项目、质检行业公益专项、标准委科研项目及地方科研项目。本书就是在这些项目研究基础上进一步凝练提升完成的。

全书共分为六章，第一章详细介绍了城市可持续发展标准化的背景，提出城市是实现可持续发展的关键，而标准化是支撑城市可持续发展的重要手段；第二章分析了国际标准化组织城市可持续发展标准化发展情况，包括 ISO 推进城市可持续发展标准系统、ISO/TC 268 的组织结构及标准研制进展情况，并对 ISO 37101、ISO 37120、ISO 37151、IWA 9 等国际标准进行了解读；第三章总结分析了包括 OECD、APEC、欧盟等国际组织，英国、美国等发达国家推进城市可持续发展及标准化发展情况；第四章在总结我国城镇化发展趋势和面临的主要问题基础上，提出我国城市可持续发展标准体系，以及近期我国城市可持续发展标准化研究的重点；第五章就我国城市可持续发展的若干关键问题进行了探讨，包括城市可持续发展与美丽中国建设、城市可持续发展与新型城镇化、城市可持续发展与智慧城市建设、城市可持续发展与基础设施建设、城市可持续发展与恢复能力等；第六章提出了加快推进我国城市可持续发展标准化的建议。

全书第一章，第二章的第一、二、四、五、六节，第三章的第一、二、三、五节，第四章，第五章的第一、二、三、四节，第六章由杨锋撰写；第二章的第三节、第三章的第四节由刘春青撰写；第五章的第五节由李忠强、杨锋撰写；全书由杨锋统稿。欧阳志云、邢立强、周伟奇、董山峰、孟凡奇、顾蕾、任雪佳、黄果等人或参与了本书部分内容的撰写，或为本书的部分内容提供了素材。本书在撰写过程中，受到国家标准化管理委员会杨泽世、郭晨光、姬二明、许建军等领导的关心和指导。

本书是在近几年研究的基础上完成的，是城市可持续发展标准化研究的开端，相关研究还有待进一步深入。本书撰写过程中参阅了大量国内外文献，参考文献中所列出的仅仅是所参考文献的一部分，向这些文献的作者深表谢意！随着我国城镇化进程的推进，城市可持续发展标准化必将迎来更大的发展。2015 年 4 月 2 日，国家标准化管理委员会批复由中国标准化研究院筹建全国城市可持续发展标准化技术委员会，这将进一步统筹国内研究力量，一方面为国内城市可持续发展提供全方位的技术支持，另一方面也会将我国城市可持续发展实践经验向全球推广，为国际标准化做出更大贡献。希望各界人士积极参与城市可持续发展标准化工作。

杨锋

2015 年 9 月 30 日

目 录

第一章 城市可持续发展标准化的背景

一、可持续发展是全人类的共同愿景

“可持续发展”的概念是逐步发展和完善起来的，体现了全人类对经济、环境、社会协调发展的愿景[1]。

1972年，联合国在斯德哥尔摩召开第一次世界性的人类环境会议，提出将“为了这一代和将来的世世代代的利益”作为人类共同的信念和原则，这是日后可持续发展理念的重要源泉。1980年，联合国向全世界发出呼吁：必须研究自然的、社会的、生态的、经济的以及利用自然过程中的基本关系，确保全球持续发展。1983年，联合国组建了世界环境与发展委员会，并于1987年发表题为《我们共同的未来》的研究报告，正式提出了可持续发展的概念：既满足当代人需求，又不对后代人满足其需要的能力构成危害的发展。以1992年联合国环境与发展大会和2002年可持续发展世界首脑会议为标志，可持续发展从理念走向战略和实施，并进一步明确了可持续发展概念及其战略的内涵，即经济增长、社会进步、环境保护是可持续发展的三大支柱，社会与经济发展必须与环境保护相结合，以确保世界的可持续发展和人类的繁荣[2]。2012年联合国可持续发展大会把“可持续发展和消除贫困背景下的绿色经济”“促进可持续发展的机制框架”作为两大主题，将“评估可持续发展取得的进展、存在的差距”“积极应对新问题、新挑战”“做出新的政治承诺”作为三大目标，进一步推进全球、区域和国家的可持续发展[3]。

2014年9月12日，联合国大会下发了由联合国大会可持续发展目标开放工作组的报告（第A/68/970号文件），提出了到2030年全球可持续发展的17个目标，见表1。

表1 联合国大会可持续发展目标开放工作组提出的可持续发展的17个目标[4]

可持续发展目标
目标1. 在世界各地消除一切形式的贫穷
目标2. 消除饥饿、实现粮食安全、改善营养和促进可持续农业
目标3. 确保健康的生活方式、促进各年龄段所有人的福祉
目标4. 确保包容性和公平的优质教育，促进全民享有终身学习机会
目标5. 实现性别平等，增强所有妇女和女童的权能
目标6. 确保为所有人提供和可持续管理水和环境卫生
目标7. 确保人人获得负担得起、可靠和可持续的现代能源
目标8. 促进持久、包容性和可持续经济增长，促进实现充分和生产性就业及人人有体面工作
目标9. 建设有复原力的基础设施、促进具有包容性的可持续产业化，并推动创新
目标10. 减少国家内部和国家之间的不平等
目标11. 建设具有包容性、安全、有复原力和可持续的城市和人类住区
目标12. 确保可持续消费和生产模式
目标13. 采取紧急行动应对气候变化及其影响，认为《联合国气候变化框架公约》是商定全球气候变化对策的主要国际政府间论坛
目标14. 保护和可持续利用海洋和海洋资源促进可持续发展
目标15. 保护、恢复和促进可持续利用陆地生态系统、可持续管理森林、防治荒漠化、制止和扭转土地退化现象、遏制生物多样性的丧失
目标16. 促进有利于可持续发展的和平和包容性社会，为所有人提供诉诸司法的机会，在各级建立有效、负责和包容性机构
目标17. 加强实施手段、重振可持续发展全球伙伴关系

二、城市是实现可持续发展的关键

城市是社会发展到一定历史阶段的产物，是人类创造文明和财富的主要载体，是社会进步和文明发展的象征。世界城市人口占世界总人口的比重以每50年翻一番的速度增长，1850年为6.4%、1900年为13.6%、1950年为28.2%，到2007年已超过50%，截至2013年年底世界城市人口占世界总人口的比重已经达到53%。城市已经成为推动全球可持续发展的关键。联合国、世界银行等国际组织十分重视城市可持续发展问题。

(一) 联合国推动城市可持续发展的思想

1. 联合国城市可持续发展理念的形成

1991年，联合国人居署(UN-HABITAT)和联合国环境规划署(UNEP)在全球范围提出并推行了"可持续城市计划",从经济发展、社会进步、生态环境、人类福利等不同角度提出很多城市可持续发展的思想和观点。其后就是地方 21 世纪议程,其目标是改变做事的方式,使城市治理的参与性更强、透明度更高、战略性更强[5]。

1996 年,在土耳其召开的联合国第二次人类居住会议的两大主题是:"人人享有适当的住房和日益城镇化进程中人类居住区的可持续发展"。会议提出,可持续城市是一个在社会、经济和物质上都可以永久发展的城市,它可以为城市的发展提供永久的自然资源的供给,对于可能威胁发展成果的环境灾害提供永久的安全保障。同年,联合国秘书长加利在《城镇化的世界》一书前言中强调:"世界的城市必须是可持续的,具有效率的、安全的、健康的、具有人性的[6]。"

2001 年,UN-HABITAT 和 UNEP 提出,可持续城市是在社会、经济和物质等领域中,其自身发展都能够得到永续维持的城市,并且其发展所依赖的区域资源供应能够得到不断维持(在可持续水平上使用区域资源),它能够远离外界的环境灾害,并持久地保持自身的安全运行。

2002 年,在 UNEP 提出创建可持续城市的愿景是"创造环保健康、充满活力和可持续的城市,使人与人、人与自然相互尊重,以造福全人类"。UNEP 的城市可持续发展的"墨尔本原则[7]"如表 2 所示。

表 2　墨尔本原则

原则	内容
1. 愿景	基于可持续性,代际、社会、经济和政治的平等及其个性,制定城市的长期愿景
2. 经济与社会	实现经济、社会的长期安全
3. 生物多样性	认识到生物多样性和自然生态系统的内在价值,并加以保护和恢复
4. 生态足迹	使生态足迹最小化
5. 城市生态系统模型	以生态系统发展特征建设和培育健康、可持续的城市
6. 地方意识	认识并建立城市的独特特征,包括其人类和文化价值,历史和自然系统
7. 激励	激励城市居民积极参与
8. 参与	扩大合作网络为共同的可持续的未来工作
9. 可持续生产和消费	通过使用适当的环保型技术和有效的需求管理促进可持续生产和消费
10. 治理与希望	基于问责制、透明度和良好治理促进持续改进

2. 城市可持续发展问题分析与评价

各国城市可持续发展所面临的挑战和问题因其城镇化规模、范围、地域不同有很大的差别。这些挑战和问题是多维的。图 1 显示了某一地区城镇化所面临的挑战的一个问题树，其核心问题是城市系统中各方面的管理未能实现可持续发展，进而分析了产生这些问题的原因，包括城市治理系统、经济和金融系统、城市发展和管理系统、社会发展系统和环境系统方面的功能障碍和系统效率低下。该问题树是分析城市可持续发展问题，制定相应政策、措施的有用工具[8]。

针对城市可持续发展面临的问题，联合国相关机构开发了若干工具。

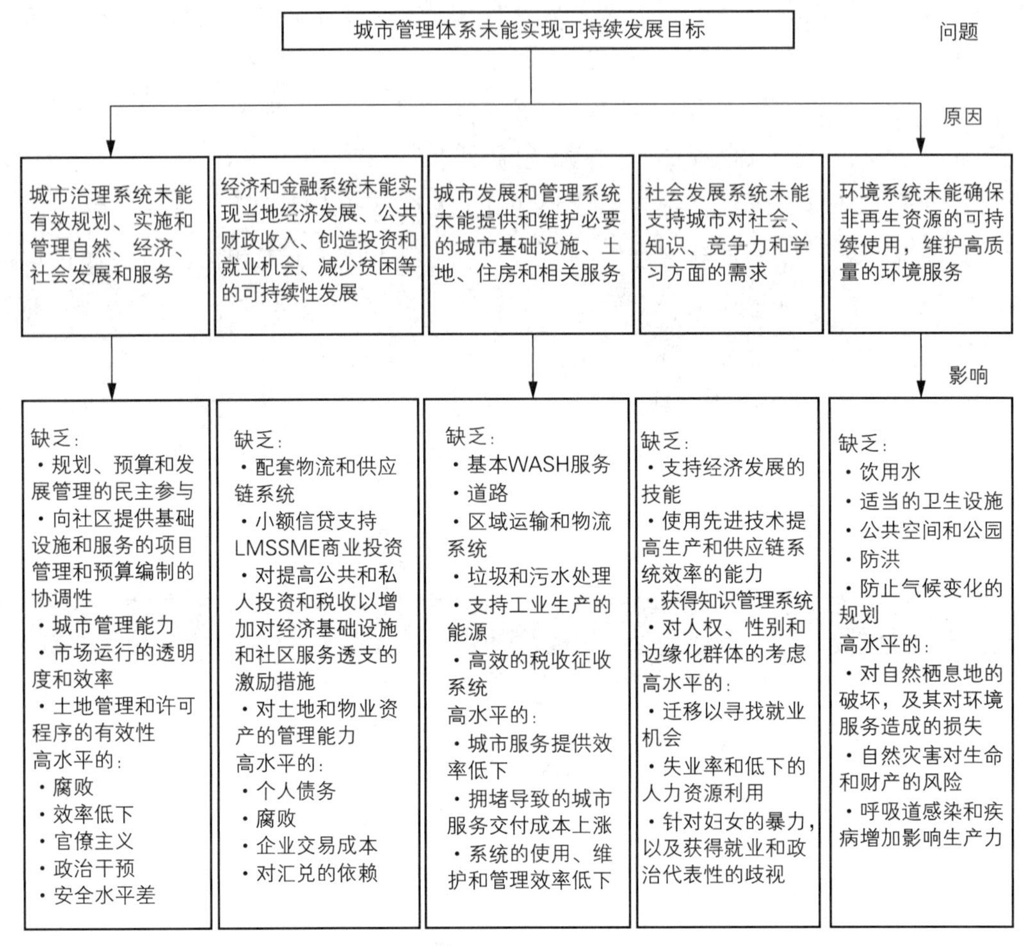

图1　城市可持续发展面临挑战的问题树

城市管理方面。2004年，联合国人居署发布了《城市管理指数：概念基础和测试报告》，从效率、平等、参与、责任和安全五个方面提出了26个指标的城市管理指标体系[9]。其中管理效率是指衡量现有机制和社会政治环境（通过辅助性原则和可预测性的有效性）在对社会关注的响应和服务的财务管理、计划、交付的效率。平等意味着不带偏见地获得（尤其是对包括妇女、儿童、老年人、残疾人等弱势群体）以及不同宗教、民族群体基本生活必需品（食物、教育、就业和生活、医疗、住房、安全的饮用水、卫生设施和其他）的城市生活，并优先制定扶贫政策和建立对基本服务的响应机制。参与治理机制是通过包容、自由和公民的选举加强当地民主，还包括参与决策过程，特别是贫困人口和存在共同认识的居民。责任表明当地政府的运作高效、透明，响应水平高；当地居民的抱怨；职业操守、个人诚信、法律和公共政策按照透明和可预测的方式应用。安全治理表明有足够的机制、过程、系统确保公民的安全、健康和环境安全。这也意味着通过在城市区域内制定和实施适当的地方环境、健康、安全政策，形成良好的冲突解决机制。UN-HABITAT 的城市管理指数如图 2 所示。

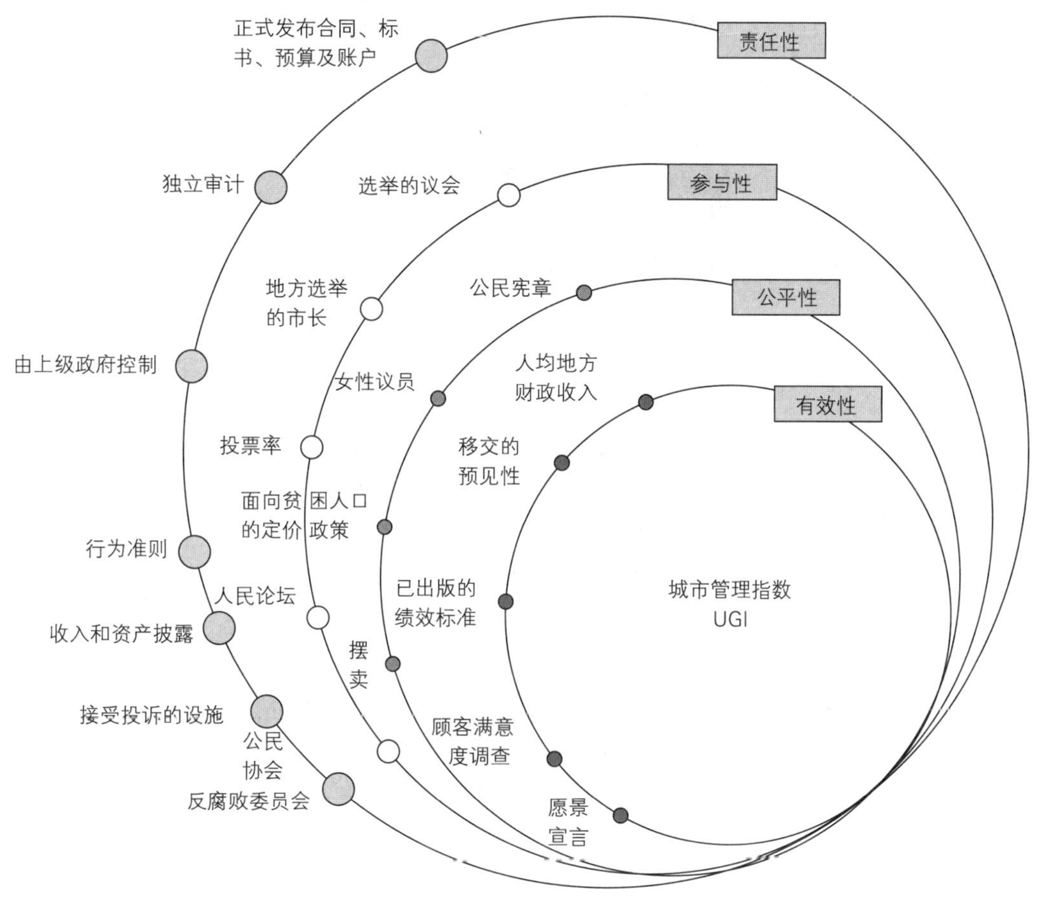

图 2　UN-HABITAT 的城市管理指数

环境管理方面。联合国环境规划署在驱动力—压力—状态—影响—反应（DPSIR）框架基础上建立了城市环境评估方法[10]。DPSIR 框架描述了给定层面（地方、国家、区域、全球）上的影响环境的主要因素。而且，DPSIR 框架建立了框架内部各个组成部分之间的逻辑关系，从分析自然资源受到的压力（可以理解为目前现状的原因）到为处理环境问题做出的反应，综合评估环境现状和趋势。此外，UNEP 开发了一系列城市环境管理体系工具，包括城市环境绩效评价方法（EPEC）、城市环境绩效指标（EPIC）；以及环境健康技术（EST），环境核查技术（EVT），空气、废弃物、水管理工具等。

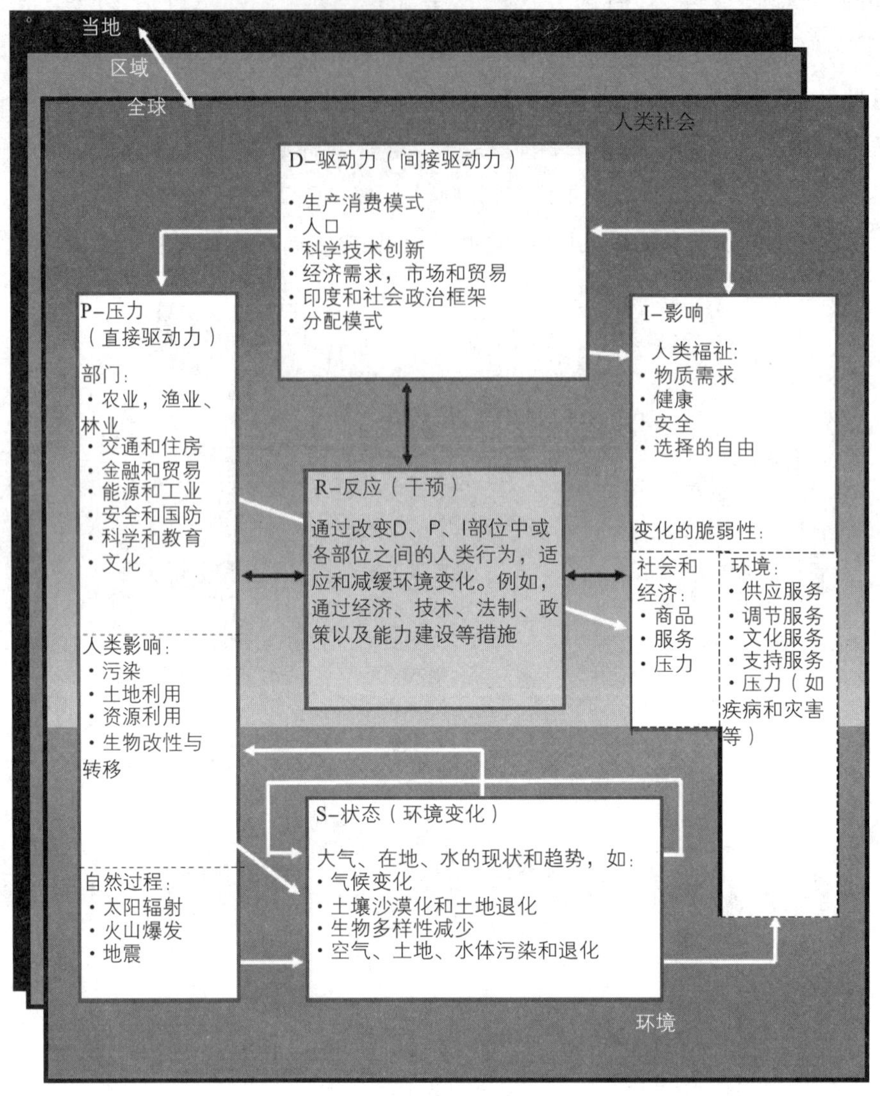

图 3　DPSIR 模型

综合评价方面。2012 年，联合国系统工作组提出充分考虑包容性的社会发展、包容性的经济发展、环境可持续性和和平与安全四个关键方面，建立一个以人权、平等和可持续为核心价值观的未来愿景[11]。其中，包容的社会发展强调为社会发展提供有效的治理系统，确保人民享有获得卫生、教育、食品和营养、文化交流等方面的权利；环境的可持续性包括确保气候稳定、阻止海洋酸化、防止土地退化和不可持续的水资源利用、保护自然资源（包括生物多样性）、提高资源利用效率，以及可持续的、综合的自然资源管理；包容的经济发展是指在可持续的生产和消费模式基础上，实现稳定、公平且包容的经济增长，要特别注意教育、科学技术、多边贸易、金融等对推动经济包容发展的重要作用；和平与安全包括免遭政治迫害、歧视和一切形式的暴力行为，特别是对妇女、儿童、老人、残疾人、土著和少数群体等,如图 4 所示。

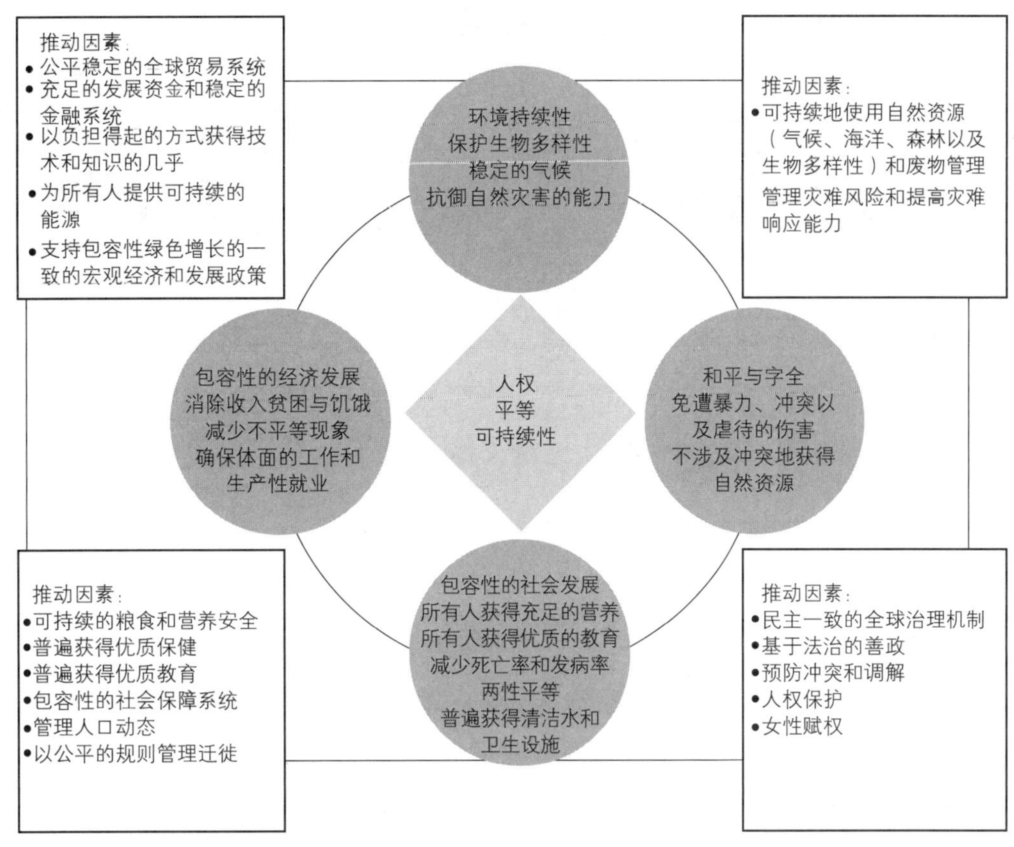

图 4　实现后 2015 联合国发展议程中"我们共同憧憬的未来"整体框架

3. 联合国城市可持续发展系统与发展目标

在 2012 年里约联合国可持续发展大会中,明确其三大目标为:达成新的可持续发展政治承诺;对现有的承诺评估进展情况和实施方面的差距;应对新的挑战。两个主题为:绿色经济在可持续发展和消除贫困方面作用;可持续发展的体制框架。目前联合国下属机构已经形成了一个支撑可持续发展管理系统,如图 5 所示。

2013 年 12 月 27 日,联合国大会(A/RES/68/239 号文件)决定自 2014 年起指定每年 10 月 31 日为"世界城市日"。联合国将 2014 年世界城市日的主题选定为"城市转型与发展"。大会确认公平和适当获得城市基本服务,作为可持续城镇化的基础而对社会和经济整体发展所具有的重大意义[12]。

2014 年联合国大会可持续发展目标开放工作组提出的发展目标中的第 11 个目标是建设具有包容性、安全、有复原力和可持续的城市和人类住区,包括以下具体目标:一是到 2030 年,确保所有人都能获得适足、安全和负担得起的住房和基本服务,并改造贫民窟;二是到 2030 年,向所有人提供安全、无障碍、负担得起和可持续的运输系

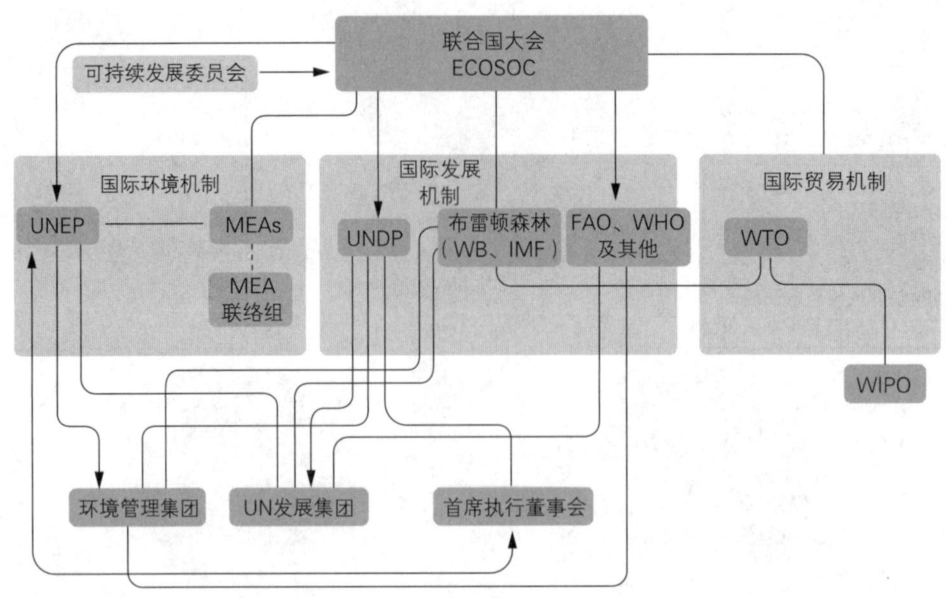

图 5　联合国可持续发展管理系统

统，改进道路安全，特别是扩大公共交通，要特别关注处境脆弱者、妇女、儿童、残疾人和老年人的需要；三是到 2030 年，在所有国家促进包容和可持续的城镇化，以及加强参与性、综合和可持续的人类住区规划和管理；四是加大努力，保护和捍卫世界文化和自然遗产；五是在 2030 年前，显著减少包括水灾在内的各种灾害造成的死亡人数和受影响人数，将由此造成的与国内总产值有关的经济损失减少（$X\%$），重点是保护穷人和处境弱势群体；六是到 2030 年，减少每个人对城市环境造成的负面影响，包括特别关注空气质量，以及城市废物和其他废物管理；七是到 2030 年，普遍提供安全、包容、无障碍和绿色的公共空间，尤其是供妇女、儿童、老年人和残疾人享用。

为实现上述目标，提出三个方面的举措：一是加强国家和区域发展规划，支持城市、近郊区和农村地区之间积极的经济、社会和环境联系；二是到 2020 年，采取和实施综合政策和计划，把实现融合、资源使用效率高、能减缓和适应气候变化、具有抗灾能力的城市和人类住区数目增加（$X\%$），并根据即将实施的《兵库框架》，在各级建立和落实全面的灾害风险管理；三是通过财政和技术援助等方式，支持最不发达国家就地取材建造可持续的抗灾建筑。

（二）世界银行推动城市可持续发展的思路

1. 世界银行对城市可持续发展的理解

根据世界银行对全球可持续发展的分析认为，未来一段时间全球可持续发展面临着温室气体排放导致全球变暖、收入不平等加剧导致保护主义抬头、能源和食物价格上涨、人口老龄化和移民问题突出、全球经济格局巨变需要新的全球治理机制等问题[13]。而城市是解决上述问题的核心，因此要不断加强城市可持续发展能力建设。

可持续城市意味着，其居民和商业组织不断地在社区和地区的水平上致力于改善城市的自然和人文环境，同时其方式又总是支持全球可持续发展的目标[14]。由于城市可持续发展涉及面广，因此世界银行用“词语云”的形式描述城市可持续发展的各个方面，如图6所示。

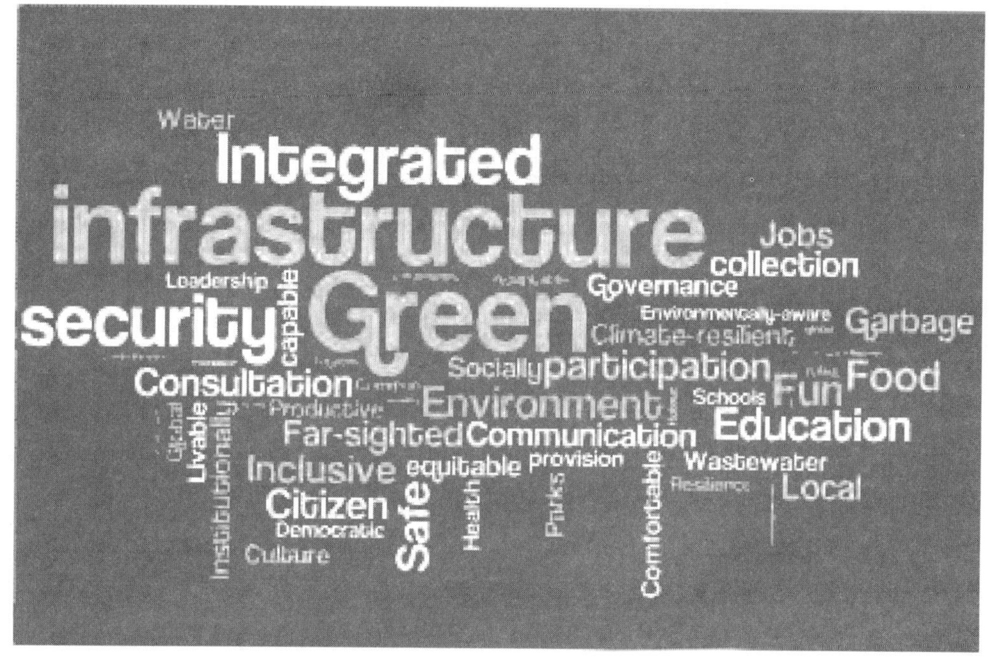

图6 城市管理词语云

世界银行城市和恢复管理部从城市恢复管理的角度将可持续城市定义为“在充分考虑经济、社会、环境的同时，致力改善其当前和未来居民福祉的城市”[15]，可持续城市管理包括生态环境安全、经济有竞争力、社会包容和公平三个层面，如图7所示。近年来，世界银行针对城市可持续发展的特点和管理的要求[16]，在世界范围内开展了多次“可持续的城市发展与管理”培训，其培训内容涵盖城市管理的各个方面，按照可持续发展原则和要求，基本可以分为经济发展、社会发展和安全、城市环境管理和污染控制、城市规划与基础设施建设等四大类。

2. 世界银行对城市可持续发展的评价

如何监测城市可持续发展的状态，世界银行提出了城市可持续发展的方法，将人类对环境的影响程度与维持黄金系统可持续性的临界线相比较，是一个用来判断环境承载力及生态系统可否长期维持人类发展的工具。主要包括以下几种：

一是将城市整体作为一个系统，考察其新陈代谢，如图 8、图 9 所示。

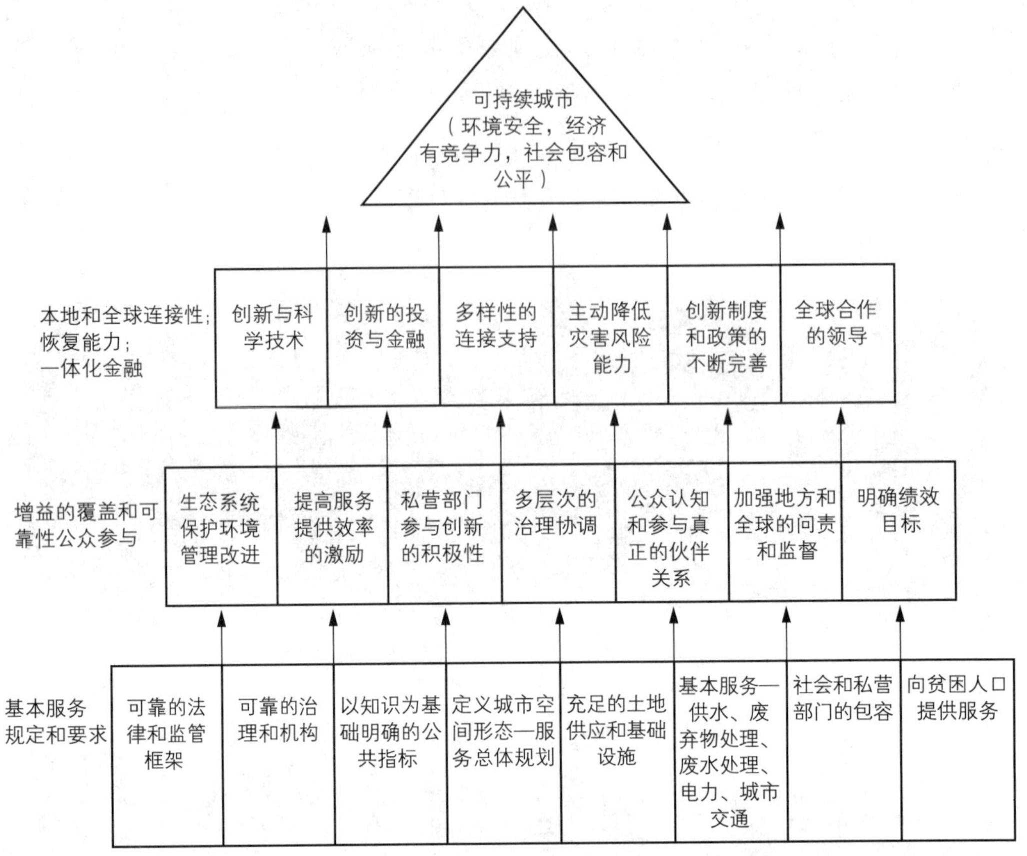

图 7　可持续城市层级框架

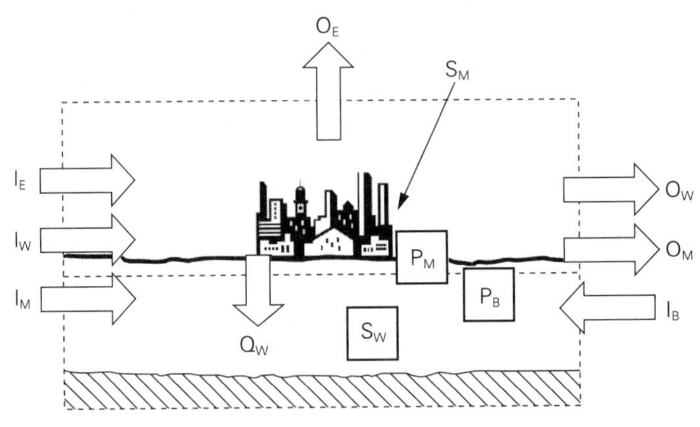

图 8　城市形成代谢系统[17]

I—流入，O—流出，Q—内部流动，S—存储，P—生产，B—生物质能，M—矿物，E—能源，W—水。

流入	生产	流出	库存
生物能/t,J	生物能/t,J	排放废弃物/t	基础设施/建筑/t
食物	矿物/t	废气	建筑材料
木材		固体废弃物	金属
化石燃料/t,J		废水	木材
交通		其他液体	其他材料
供暖/工业			
矿物		热量/J	其他（机械，耐用品）/t
金属材料		物质/t	金属
建筑材料		产品/t	其他材料
电力/kW·h			物质/t
自然能源/J			
水/t			
饮用水（径流和地表水）			
沉淀物			
营养物质/t			
产品/t			

图 9　城市新陈代谢系统参数[18]

二是用城市指标体系衡量城市发展状况，世界银行介绍了两种指标体系：其中一种是 ICLEI 的 STAR（Sustainability Tools for Assessment & Rating Communities 城市可持续发展评价和排名工具）城市指数，从环境、气候与能源、经济与就业、教育艺术与社区、平等与授权、健康与安全、自然系统等 7 个方面 44 个指标衡量城市可持续发展状态[19]，如图 10 所示。

建成环境	气候与能源	经济与工作	教育、艺术与社区	公平与权利	健康与安全	自然系统
环境噪声与光线	气候适应性	企业留驻与发展	艺术与文化	公民参与	积极生活	绿色基础设施
社区供水系统	温室气体减排	绿色市场发展	社区凝聚力	公民与人权	社区健康和健康系统	入侵物种
紧凑、完整的社区	绿色能源供给	地方经济	教育机会与成就	环境公平性	应急预防与响应	自然资源保护
住房支付能力	工业部门能源效率	工作与最低生活工资	文物保护	服务和享受服务公平性	食物与营养	室外空气质量
加密和重建	建筑能源效率	目标产业发展	社会与文化多样性	人性化服务	室内空气质量	自然环境中的水资源
公共空间	公共基础设施能源效率	劳动力多元化		减贫和扶贫	自然和人类危害	工作区域
交通选择	废弃物最小化				社区安全	

图 10　ICLEI 的 STAR 城市指数

另外一种是 GCIF 的城市指标体系，2006 年在世界银行资助下开始研究，2011 年经过 ISO/TMB 投票立项，并于 2014 年 5 月发布成为国际标准 ISO 37120：2014《城市可持续发展—关于指标体系》，从经济、教育、能源、环境、休闲、安全、庇护所、固体垃圾、通信与创新、金融、火灾与应急响应、治理、健康、交通、城市规划、废水、水与健康等 17 个方面来衡量城市可持续发展状态，如图 11 所示。

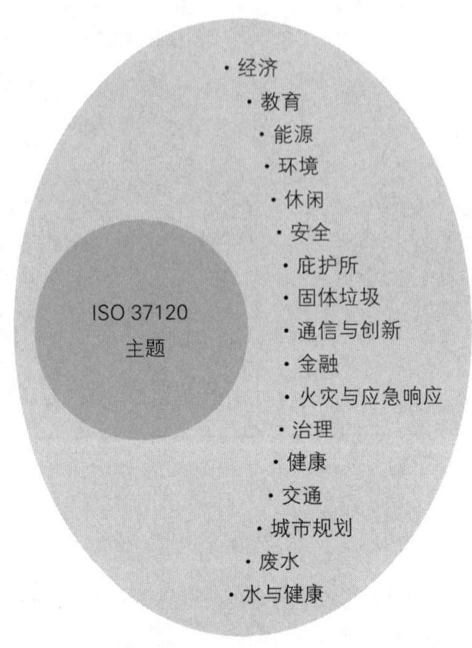

图 11　ISO 37120 城市可持续发展指标体系的 17 个主题

3. 世界银行推进城市可持续发展的建议

根据世界银行的研究，东亚是世界城镇化进程最快的地区，2015 年世界银行发布报告，对快速城镇化地区城镇可持续发展提出以下建议[20]：

一是为城市未来空间扩张做好准备；

二是确保城镇化是经济高效的；

三是确保城镇化是包容的；

四是确保城镇化是可持续的；

五是克服大都市碎片化。

三、标准化是支撑城市可持续发展的重要手段

（一）标准化是推动经济发展的主要动力[21]

标准化在现代经济发展过程中起到非常重要的作用，是推动经济发展、促进国际贸易和创新的主要动力。

1. 标准化促进经济发展

各国研究普遍认为，标准化在经济发展中的作用主要体现在四个方面：一是标准化提供互换性和兼容性。在高新技术领域，尤其是在计算机和通信技术中得到广泛应用。在很多情况下，标准化所体现的最重要的技术特征是准确性，而是否是一项最好的标准是相对次要的。在人类历史上的几次科技革命最主要技术的发展和传播过程中，标准化通过建立系统内的互换性和兼容性做出了重要的贡献。二是标准化提供信息。多数关于信息传播的经济学理论都强调信息在接纳新技术过程中具有的重要作用。英国的研究认为标准的公布实施可产生更可信的传播效应，增加标准在潜在使用者之间的相互交流机会。标准化在创新的早期阶段影响更大，因为此时存在相互竞争的几项技术，标准的制定可解决最初的技术不确定性。三是标准化规定最低质量水平。由于可能存在的信息不对称情况，消费者很难区别同类产品质量的高低。生产高质量产品的厂家相对于生产低质量产品的厂家，要支出更多的生产成本，这样生产高质量产品的厂家就很难生存，这不利于行业的发展。最低质量标准有助于减缓这一不利情况，帮助消费者区分不同质量的产品。尽管标准化规定相关产品最低质量水平所产生的贡献很难通过产品产出增加进行衡量，但很多经济学家都认为标准化对质量的贡献被低估。四是标准化扩大经济规模。从企业的角度来说，创新将增加产品品种，而标准则将减少产品品种。在产品的多样性情况下，对消费者而言无关紧要，但对生产者则十分重要。根据 BSI 的报道，英国工程标准委员会第一次会议协商的成果就是将结构钢截面尺寸的种类由 175 个减至 113 个，将电车钢轨的规格由 75 个减至 5 个，这样就使钢的生产成本每年节约 100 万英镑。到了 1914 年，英国钢铁标准规格在英国海军部、劳氏船级社、印度铁路得到了广泛采用[22]。

标准化对经济发展的贡献研究主要采用两种方法：一是宏观方面，运用生产函数法计算标准化对宏观经济增长的贡献率。德国 DIN 通过采用 1960—1996 年的宏观数据，运用柯布—道格拉斯生产函数，研究发现德国经营性产业产值增长的很大部分同标准有关。在 1960—1990 年期间，在每年 3.3%的产值总体增长率中，标准的贡献

率占0.9%，仅次于资本投入[23]。英国BSI通过1948—2002年英国统计数据，分析得出以下三个结论：有效标准数量每增长1%，劳动生产力增长0.05%；标准与劳动生产力年增长率中的0.28%有关，即标准与1948—2002年英国生产力增长的13%有关；技术进步对英国年经济增长的影响率为1.0%，而在此基础上的GDP的产出增长率为2.5%。随后，澳大利亚和加拿大也先后运用类似的方法对本国标准化的经济效益进行了研究，得出了基本相同的结论：标准化对经济有正向推动作用。二是微观层面，运用价值链方法计算标准对企业效益的影响。价值链方法围绕着价值链概念设计。在企业管理中，价值链为系统性描绘企业的所有活动创造了条件，是适用于分析企业的战略工具。它将企业划分成主要和辅助性活动，对一般性增值活动以及这些活动之间的联系进行分类，以解释它们对于成本和价值的影响。由于标准化的多部门定位以及衡量到标准可能影响到同一企业内部的所有活动以及跨多个个别企业的许多活动，价值链框架对于分析标准的影响十分有效。2011年以来，ISO组织国际相关企业开展基于价值链方法的研究工作，西门子、新兴铸管等企业的研究表明：在企业价值链的主要环节中，标准帮助企业取得了最佳经济效益的环节是生产/运营。企业及时采用最新的国际、国家、行业标准，通过减少模具费用、提高有效作业时间、减少废品损失、降低设备故障率等作用点，使生产及质量控制过程变得简化、有序、经济、高效。另一个重要环节是营销和销售，标准在企业中发挥了开拓新的销售市场、节省谈判时间等若干作用，进而增加了销量，赢得了利润。与生产/运营、营销和销售环节相比，外部标准对本企业价值链中的服务环节的经济效益贡献较少。因此，企业应该在服务环节中有效使用标准，提高服务质量和水平[24,25]。

2. 标准化推动贸易发展

标准化是推动国际贸易发展的重要力量，受到世界各国的普遍关注。2005年，世界贸易组织（WTO）发布2005年世界贸易报告，重点探讨标准与贸易的关系问题，明确指出在为消费者提供知情信息、保护环境以及使有关商品和服务兼容方面，标准有着不可替代的作用[26]。

标准化是贸易的基本条件。贸易双方进行货物和服务交换时，标准对贸易对象的形式、功能和其他技术特征所做的一致性规定，为贸易双方提供了一种共同背景、共同语言和共同的客观依据，这是对外贸易顺利进行的根本要求。标准能消除产品间的水平差异，使得这些产品在一定范围内完全兼容，从而消除了由于产品差异化造成的不兼容所引起的贸易壁垒。因此，标准为消除贸易壁垒和建立统一市场创造了条件。

标准是贸易仲裁的依据，为解决贸易纠纷创造了公正的条件。尤其是采用国际范围统一制定、客观、中立，且被双方接受的国际标准中规定的试验方法、检验方法、抽样方法进行检验，可防止贸易中以次充好，是保护经济技术弱者的有力武器。贸易双方如对商品质量、性能、规格等存在争议，可利用有关标准对商品进行试验、检测，并通过共同商定的标准或国家有关法律法规制定的标准进行仲裁[27]。

标准化是建立贸易优势的重要技术手段。标准作为非传统的非关税壁垒为WTO规则所允许，发达国家就是利用标准扩大对发展中国家的要素禀赋差异，削弱发展中国家资源的比较优势，形成市场影响力，排除竞争对手，垄断世界市场，提高本国产品在国际市场上的竞争能力，从而建立贸易优势地位。

3. 标准化推动创新

标准化在推动技术创新中发挥极其重要的作用。首先，标准是技术创新的平台。技术创新是在知识和经验的积累基础上实现的飞跃，它是发展过程中的转折点或者说是一次跳跃、一次质变。标准化正是知识和经验的积累过程，它能够为这种转折、跳跃或质变创造必要的前提条件，可以说标准是创新的平台。一项标准的产生，就是将人类社会在相关领域的实践经验和科学成果加以总结和提炼、纳入标准，这就是积累。标准的实施过程就是普及过程，在这个过程又会有新经验和技术的再创新，随着标准的修订，这些经验和创新成果又被纳入标准，这就是技术的再积累。标准的“制定—实施—修订”过程，恰是经验和技术的“创新—普及—再创新”过程。因为有了这个平台，创新活动才有立足点和坚实的基础；也正因为有这个平台，创新才不至于一切从头摸索和从零起步，使创新实现节约和提高效率。其次，标准是科研与生产之间的桥梁。技术创新的目的是获得潜在的经济效益，它必须将科研成果投入实际的生产和服务过程，才能获得真正的回报，发挥其应有的作用。标准化是科研和生产之间的桥梁，标准能够通过纳入科研和创新成果，从而将新产品、新工艺、新材料、新技术贯彻到生产实践中，迅速的推广和应用，并通过生产过程检验创新成果。此外，企业为了赢得竞争，需要充分利用创新成果获得优势地位，抢先把新技术、新产品推向并占领市场，标准化在这里又给创新者准备了一个平台，凭借这个平台，可以最大限度的提高技术和产品的创新、开发效益。再次，标准是先进技术的重要来源。标准本身是各种技术和经验的结晶，采用和推行先进标准是难得的“技术转让”，是促进技术进步、提高产品质量、扩大对外开放、加快与国际惯例接轨的重要措施，对于提高产品质量及产品的升级换代和通用互换，有计划、有步骤地引进先进设备及关键设备，促进企业的技术改造及设备更新具有非常积极的作用。最后，标准与技术创新互为推动。标准化和技术创新是一个互动的过程。标准化促进了新技术的推广应用，使生产水平提高，同时又向科研人员提出了新课题，再研制出新成果，而后通过标准化扩大应用，这样周而复始，在标准和生产交替中使技术不断进步。而含有先进科研成果的标准显现的经济效益和社会效果所产生的示范效应，反过来会刺激科技成果需求的增加，从而带动研发活动的进一步发展，促进创新。

标准在推动技术创新过程中,不同标准在技术研发的各个阶段起到的不同作用[28],但总体上标准化对技术进步起到正向推动作用,如图12所示。

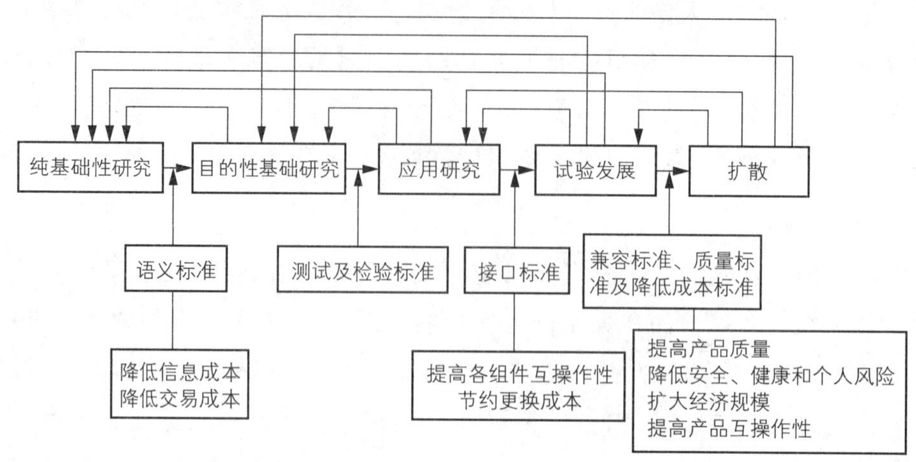

图12　不同标准在技术创新各阶段中的作用

在新技术的基础研究阶段必须要有相应术语标准来解决交流问题,而术语标准在知识从基础研究人员向引用研究人员的转移过程中也发挥着至关重要的作用。知识的转移也需要测量和检测标准,这些标准有利于产品的发展。新产品的应用研究和试验之间的差距需要相应的接口标准,来提高各组件的互操作性,使其能组合成新产品。最后,新产品进入市场除了需要上述标准外,还需要兼容标准来确保新产品与整个产品系统的通用性;而质量标准确保产品能够满足最低安全要求。有学者认为对质量和安全标准的相关要求是规制管理的一种[29]。Blind认为规制管理就是设立一系列特殊标准或相关要求,以便引导对新产品有兴趣,而又不接受较大风险的消费者使用这些新产品。新技术的扩散需要各种降低成本的标准和兼容标准支持,使其能够扩大产品规模,形成相对固定的用户群。

相关理论研究也表明无论是通过外生技术进步模型还是内生技术进步模型,标准化对技术进步的影响都是显而易见的,不同标准都在技术创新的各阶段发挥的作用不同,但总体上标准都在促进技术进步。

(二)标准是推进社会进步的重要技术支撑

随着全球城镇化进程加快,城市社会发展面临着诸如居民生存和发展、城乡社会稳定与安全、社会管理难度增大等问题。其中城市居民生存和发展问题主要集中在就业、贫困、教育、医疗、社会保障等的公平性和相关公共服务均等化;社会稳定与安全问题主要集中在经济发展环境与结构稳定、公共安全等方面。

1. 标准是实现公共服务均等化的保障

公共服务是21世纪公共行政和政府改革的核心理念，包括加强城乡公共设施建设，发展教育、科技、文化、卫生、体育等公共事业，为社会公众参与社会经济、政治、文化活动等提供保障。公共服务以合作为基础，强调政府的服务性，强调公民的权利。公共服务可以根据其内容和形式分为基础公共服务，经济公共服务，社会公共服务，公共安全服务。基础公共服务是指那些通过国家权力介入或公共资源投入，为公民及其组织提供从事生产、生活、发展和娱乐等活动所需要的基础性服务，如提供水、电、气，交通与通信基础设施，邮电与气象服务等。经济公共服务是指通过国家权力介入或公共资源投入为公民及其组织即企业从事经济发展活动所提供的各种服务，如科技推广、咨询服务以及政策性信贷等。

公共服务均等化是城市发展的重要课题，是我国城市公共服务发展的目标。近些年来中国城镇化水平发展迅速，但在公共服务的均等化方面有待提高。在快速城镇化过程中，公共设施落后，公共服务不均等，是农业人口向城镇人口转移过程中面临的突出问题。要实现城市公共服务均等化和总体水平提升，需要加强相关的标准化工作。在管理标准方面，公共基础设施建设标准和公共服务评价标准在指导中小城市、小城镇乃至村镇建设，保障和推动我国公共服务均等化的实现和总体水平提升方面发挥重要作用。

生物安全、食品安全、交通安全等技术标准为保障居民公共安全提供技术保障；突发公共卫生事件的预防、监测、应急处置和救援、事后恢复等相关标准的研制，为建设突发公共卫生事件及生物防范网络和系统提供标准化支持；药物研发和先进医疗设备制造相关标准，为构建以生物制药和医疗设备制造为龙头的规模化医药研发产业链，提高生物医药产业水平，为基本公共卫生保健普惠化、个性化发展提供先进可靠并可共同分享的技术支持，提高疾病预防、早期诊断、治疗康复能力，提高健康科学和健康服务水平。用标准化的手段不断提升消费品和公共产品科技含量和质量，以标准化的手段规范涉及医疗、养老等的发展，使广大群众身心更健康、生活更幸福。

2. 标准是改进社会管理的重要技术支撑

改进社会管理需要运用现有的资源和经验，依据政治、经济和社会的发展态势，尤其是依据社会自身运行规律乃至社会管理的相关理念和规范，研究并运用新的社会管理理念、知识、技术、方法和机制等，对传统管理模式及相应的管理方式和方法进行改造、改进和改革。一直以来，标准化有力支撑着社会管理的方方面面，近年来越来越多的管理标准体系就充分体现了这一点，如：

(1) ISO 9000质量管理和质量保证系列标准，自1987年发布以来，经过1994年和2000年两次修订，目前全球已有几十万家工厂企业、政府机构、服务组织及其他各

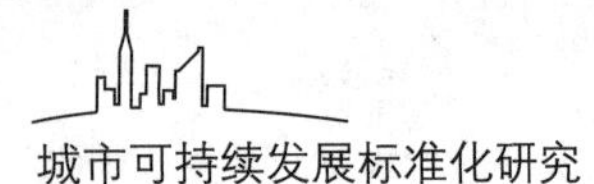

类组织导入 ISO 9000 并获得第三方认证，已经成为最受社会关注的管理系列标准。

(2) ISO 14000 环境管理系列标准，自 1996 年第一批标准发布以来，已被世界多数国家和地区采用，并已形成继质量管理体系认证后的新认证热点——环境管理体系认证。

(3) ISO 26000 社会责任标准体系，ISO 从 2001 年开始着手进行社会责任国际标准的可行性研究和论证，并专门成立了社会责任顾问组。2004 年 6 月最终决定开发一个适用于包括政府在内的所有社会组织的"社会责任"国际标准化组织指南标准，由 54 个国家和 24 个国际组织共同参与制定。

这些管理体系标准的广泛应用已经表明标准化已经成为社会管理的重要技术支撑。此外，标准还在治安管理、突发事件应急指挥、安全生产监管、食品安全保障、灾害预警预防等领域发挥着重要作用。

（三）标准是环境保护的基石

2001 年的世界标准日主题是"环境与标准紧密相连"，作为解决环境问题的基础工具，环境标准日益发挥出它的积极作用。环境标准是为获得最佳社会秩序和经济效益，在综合平衡的基础上规定一定区域环境中的污染物含量和污染源排污的数量、浓度、速率，以及开展环境保护工作的技术规则。环境标准是制定国家环境政策的依据，是国家环境政策的具体体现，是执行环保法规的基本保证。

1. 标准化推进环境保护

标准是环境法律法规体系的有机组成部分，也是开展生态环境保护的基础方法和技术工具。依法对环境进行监督管理，是全世界通行的做法。在应对污染减排、空气质量改善、生活饮用水安全保障、土壤环境保护、重金属污染防治、固体废弃物处理处置、化学品风险管理、农村环境保护、环境应急等影响科学发展和损害群众健康的突出环境问题时，标准作为技术支撑是在行政执法过程中对行政相对人做出违法认定的主要依据。我国环境保护标准包括环境质量标准、污染物排放标准、环境监测规范、环境基础标准和环境管理标准等五大类[30]。

环境质量标准是依据国家的法律、法规和国家在一定时间的经济技术水平和改善环境的客观要求，对各种环境中有害物质和因素作限制性规定。它既规定了环境中各污染因子的容许含量，又规定了自然因素应具有的不能再下降的指标。这类标准是衡量环境质量优劣的科学依据。它的作用是多方面的，它是对不同水系、区域、城镇等进行环境规划、制定目标的依据，也是进行环境评价、环境管理和制定其他标准的依据，这些都充分地体现出标准的基础性作用。

2. 标准化提高资源利用效率

资源瓶颈制约城市可持续发展已成为世界性问题。随着全球城镇化进程加快，各国(特别是发展中国家)在淡水、土地、能源、矿产等方面呈现出的资源不足矛盾更加突出，环境压力日益增大。要化解资源不足的矛盾，重点是提高资源利用效率。而要提高资源利用效率，关键是要解决好资源利用率偏低的问题，要推进矿产资源深加工技术研发，进一步完善资源开采、遴选、冶炼工艺，提高矿产资源回采率和综合回收率；加强对高能耗行业的资源消耗管理，优先采用资源利用率高的技术和工艺，提高资源高效利用与循环利用。

通过制定有利于节约资源和能源的产品标准和管理标准，对淘汰资源和能源消耗较大的产品、提高资源利用率、促进产品更新换代具有重要作用。资源保护和能耗相关标准能够规范、促进、引导资源保护和合理利用，限制高消耗、高污染、资源利用效率低的生产工艺和生产方式，最大限度地减少废弃物的产生，提高资源和能源的综合利用水平。

3. 标准是有效应对气候变化的工具

应对气候变化是目前国际社会最受关注的全球性重大议题之一。全球三大标准化组织——国际电工委员会(IEC)、国际标准化组织(ISO)和国际电信联盟(ITU)加大了应对气候变化相关技术标准的制订工作力度。2007 年联合国政府间气候变化专门委员会(IPCC)发布的报告中引用了 ISO、IEC、ITU 发布的技术标准，并指出，这些标准是当前减缓气候变化的一种技术保障途径，而且随着相关技术的不断发展和成熟，标准为减缓气候变化的影响发挥越来越重要的作用。2009 年，ISO、IEC、ITU 三位主席在世界标准日的祝词中提到，权威专家就应对气候变化提出一系列解决方案，包括制定发布的技术标准，覆盖了 IPCC 报告中减排技术、政策法规、控制措施、存在的机遇等所有方面，及其涉及的能源供给、运输、建筑、工业、农业、林业及废弃物处理等领域。

标准化在应对气候变化过程中发挥重要作用，主要体现在以下几个方面：一是标准化为应对气候变化的协议、政策和法律法规提供可操作性的技术支撑。为了应对气候变化这一全球性问题，世界各国共同制定了一系列国际公约、协议和政策，包括 1992 年的《联合国气候变化框架公约》、1997 年的《京都协定书》、2007 年的《应对气候变化国际方案》等。标准化为各国落实上述协议、政策承诺，开展温室气体减排合作，进行温室气体减排管理等提供技术支撑。二是为温室气体排放的监测、计算和评价提供技术解决方案。标准化为世界各国提供统一的温室气体排放监测、排放量计算方法，为各国开展减排机制磋商、减排义务分配和减排合作提供统一的技术方案。三是促进缓解气候变化的技术创新和技术推广。针对气候变化，世界各国积极开展“适应与减缓气候变化技术”的研究，相关技术最终都体现在新型高效的产品、设备、工业和材料中，而这些技术又通过标准加快其市场化和产业化。因此，标准在推进这些技术的创新和应用方面发挥积极作用。四是推动现有工业体系、消费体系的技术升级和管理优化。标准化能为工业体系和消费体系提供共同语言，以从全球角度建立最佳秩序，从技术和管理层面上保证相关活动能协调和统一。三大国际标准化组织将“促进环境管理、设计以及能源管理良好行为准则”作为标准化发展的重点。五是通过标准的推广实施提高社会公众对全球气候变化的关注度和参与性。应对气候变化是全球社会的责任，关系到每个人的切身利益，通过相关标准的推广和应用，让每个人了解其生活、消费活动对全球气候变化的影响，提高每个人应对气候变化的责任感，改进生产、生活方式和不良消费习惯。

（四）标准通过支持公共政策实现城市有效治理

1. 标准与公共政策的关系

公共政策是公共权力机关经由政治过程所选择和制定的为解决公共问题，达成公共目标，以实现公共利益的方案。它往往通过法令、条例、规划、计划、方案、措施、项目等形式表达出来，并依靠国家的强制力强制实施。公共政策就是政府为了适应时代发展，适应稳定和变化的“政府环境”，通过政策制定实现维护、保障公共利益的行为规范和行动准则[31]。

标准与公共政策的目标都是为经济社会的发展创造良好的环境和秩序，但标准侧重于“科学性”，公共政策则更强调的是对“公共利益”的保护。因此，标准无公共政策的支持，标准的作用就难以发挥；公共政策无标准作为技术保证，公共政策的目标也难以实现。在一定意义上说，公共政策是方向和目标，标准是遵循方向和实现目标的重要工具。

进入 21 世纪以来，保护人类安全和健康、保护环境、节能减排、可持续发展、促进贸易，成为公共政策的主要目标，而监管实施公共政策的依据只能是相关的标准；检查评估实施进度与效果的依据，也只能是标准。因此说公共政策的实施需要标准作为保障。充分发挥标准对于公共政策的支撑作用，有助于政府制定的公共政策更具有科学性和合理性，同时可使标准通过公共政策的实施充分发挥其在国家经济、安全和贸易和领域中的作用。

欧盟、美国和英国等为推动公共政策中利用标准化的成果，分别制定相关政策，加强了公共政策的科学性，推动了标准化的发展。2004 年 10 月 8 日，欧盟委员会在致欧洲议会和欧盟理事会的函[COM(2004)674 final]中指出：“标准化是欧盟理事会和委员会为制定'更好的法规(better regulation)'所制定的策略的一个完整部分。"英国政府于2009年发布了《英国政府2009年在标准化中的公共政策利益》,明确提出发挥标准作用以支持公共政策。

2. **标准通过支撑公共政策以实现城市良好治理**[32]

城市治理是"城市政府与非政府部门相互合作促进城市发展的过程[33]"。随着全球城镇化进程加快,城市规模扩大使其所面临的公共事务不仅数量增加,且日益呈现出综合性、动态性、复杂性和不确定性的特点。在城市治理过程中,政府承担着重要的基本职能和责任,而企业、非政府组织、市民等也是城市治理的主体之一。在这样的背景下,各类型标准就能通过支撑公共政策来实现城市的良好治理。根据城市可持续发展中遇到各类问题的风险等级确定的应对措施不同,标准在其发挥的作用也不同,如图13所示。

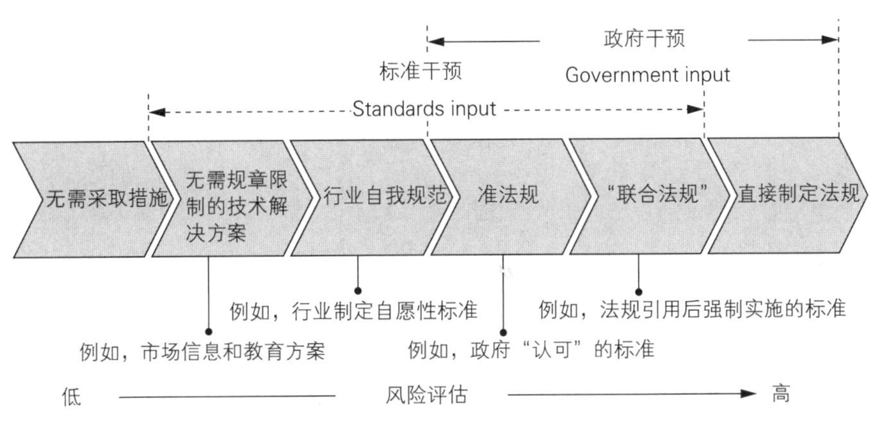

图13 基于风险评估方法的最佳解决方案

经过评估,风险从低到高可分为六大类:第一类由于风险很低,政府和民间都无需采取任何措施;第二类根据市场信息和教育规划,需要制定一些无需规章限制的技术解决方案;第三类由于技术规范不统一给行业间带来的风险的加剧,各种民间标准化组织开始在协商一致的基础上制定自我约束的标准;第四类随着消费者安全健康风险以及环境风险的增加,同时由于民间协商一致的标准中有相当一部分能够满足政府实现公共利益的需要,政府需要得到这些标准的支持,于是政府"认可"其为"准法规",即强制实施的标准,在此阶段,政府利用标准的价值;第五类由于风险的进一步加大,同时经过市场检验证明强制实施某项标准能够满足政府目标的实现,因此这些标准被政府制定的技术法规所引用,使之成为支撑技术法规的主要手段,引用后的标准与技术法规一起,共同规范行为人的行为,从而成为技术法规中的一部分,这时候称其为"共同法规";第六类由于没有适用的标准能够满足消费者安全健康的需要,以及各种风险的进一步加大,政府找不到能够有效规范高风险产品或市场所适用的标准,此时政府就要采取相应措施，直接制定技术法规，以实现保护人类健康、安全和环境保护等公共利益的目标。

从第二到第五类是标准干预类型，随着消费者安全健康风险以及环境风险的由弱到强，需要采取的措施也越来越强有力，从第四到第六类，属于政府干预类型，其中第四和第五类，是政府利用民间标准化的成果来规范各种风险，这时的技术法规通过“认可”自愿性标准或“引用”自愿性标准而使自愿性标准具有了强制性，这时的标准可以称为“强制性标准”。政府通过其强制力来规避风险，通过强制实施将风险降至最低。这时的标准利用法律或法规给予其的强制力而发挥强制性作用。

综上所述，在城市治理过程中，根据城市治理事务的风险不同，在标准干预阶段各利益相关方通过参与标准制定、实施，参与城市治理。正是由于标准在推进城市可持续发展过程中所发挥的作用，联合国、世界银行、国际标准化组织等国际组织和世界各国都十分重视标准化工作。

第二章 国际标准化组织城市可持续发展标准化发展

一、ISO 推进城市可持续发展的标准系统

一直以来，ISO 十分重视可持续发展标准化工作，与联合国、世界银行等国际组织紧密合作，开展了卓有成效的可持续发展标准化工作，初步形成了有力支撑城市可持续发展的标准系统，按照联合国可持续发展框架，ISO 的城市可持续发展标准系统可分为宏观管理、经济、社会、环境、基础设施、文化与治理六个板块，如图 14 所示。

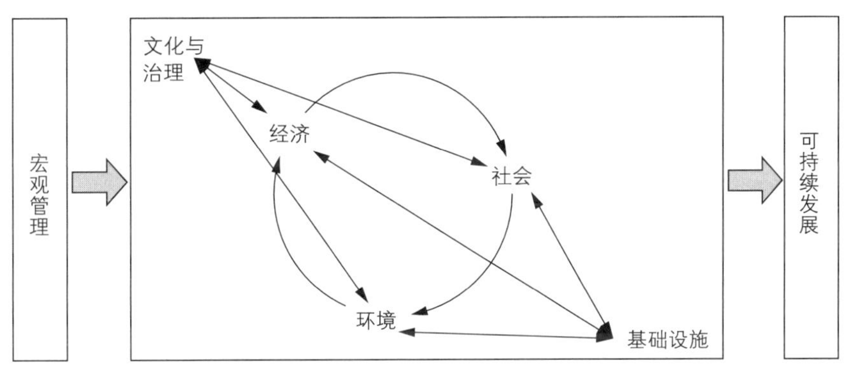

图 14 ISO 支撑城市可持续发展标准系统

其中，宏观管理版块主要包括城市可持续发展管理、实现途径管理、评价等方面的标准化工作；经济板块，由于经济增长涉及一、二、三产业的众多产业，本研究按照经济增长原理提出的经济增长“三驾马车”——投资、消费和贸易为基础，再加上创新作为标准化支撑经济可持续发展的四大基石；社会板块，主要包括与居民密切相关的教育、医疗与卫生、社会保障、安全等方面；环境板块包括环境保护和资源利用；基础设施板块，按照 ISO/TC 268/SC1 提出的基础设施分类[34]，包括交通、水与卫生、污水处理、固体废弃物处理、能源、ICT 和其他基础设施；文化与治理板块包括文化管理和城市治理的相关内容。总体而言，ISO 的城市可持续发展标准系统包括技术组织体系、国际标准体系等。

（一）ISO 支持城市可持续发展的技术组织体系

ISO 支撑城市可持续发展的技术组织超过 40 个，包括 ISO 的 TC 和与 IEC 联合的 JTC 和 PC 等，按照可持续发展的内涵，可分为城市宏观管理、经济、社会、环境、基础设施、文化与治理等六个方面，如表 3 所示。

表 3　ISO 支撑城市可持续发展的主要技术机构

方向和领域		技术机构编号	技术机构名称
城市宏观管理		ISO/TMB	ISO 技术管理局
		ISO/TC 268	城市可持续发展
		ISO/IEC JTC 11/SG Smart Cities	智慧城市研究组
经济	投资	ISO/TC 68	金融服务
		ISO/PC 251	资产管理
		ISO/TC 258	项目，计划和投资组合管理
	消费	ISO/TC 210	医疗设备质量管理
		ISO/TC 176	质量管理
		ISO/PC 286	业务合作管理体系
	贸易	ISO/PC 245	二手商品的跨境贸易
	创新	ISO/TC 279	创新管理
社会	社会责任	ISO/WGSR	社会责任
	教育	ISO/PC 288	教育机构管理体系
	医疗、卫生	ISO/TC 198	保健产品的消毒
		ISO/TC 215	健康信息学
		ISO/TC 283	职业健康和安全管理系统
	安全	ISO/TC 92	火灾安全
		ISO/TC 267	设施管理
		ISO/TC 262	风险管理
		ISO/TC 223	公共安全
		ISO/TC 247	反欺诈与控制
		ISO/PC 284	私人安全机构管理体系 ①
		ISO/TC 292	安全

① 2014 年 6 月 16 日，ISO/TMB 决定整合 ISO/TC 223、ISO/TC 247 和 ISO/PC 284，组建 ISO/TC 292 安全。

续表

方向和领域		技术机构编号	技术机构名称
环境	环境保护	ISO/TC 207	环境管理
		ISO/TC 146	空气质量
		ISO/TC 205	建筑环境设计
		ISO/TC 209	洁净室及相关受控环境
	资源利用	ISO/IEC JPC2	能源效率及可再生能源通用术语
		ISO/PC 248	生物能源的可持续性指标
		ISO/TC 163	建筑环境下的热性能和能源使用
		ISO/TC 203	能源技术系统
		ISO/TC 242	能源管理
		ISO/TC 257	能源节约评估
基础设施	交通	ISO/TC 204	智能交通系统
		ISO/TC 241	道路交通安全管理体系
		ISO/TC 22	道路车辆
	水及卫生	ISO/TC 147	水的质量
	污水处理	ISO/TC 282	水的再利用
		ISO/TC 224	饮用水供给系统和废水系统的服务活动
	能源	ISO/TC 27	固体矿石燃料
		ISO/TC 85	核能、核技术及放射性防护
		ISO/TC 180	太阳能
		ISO/TC 238	固体生物能源
		ISO/TC 193	天然气
	ICT	ISO/IEC JTC1	信息技术
		ISO/TC 46	信息与文件
		ISO/TC 211	地理信息
文化与治理		ISO/PC 280	管理咨询
		ISO/PC 278	反贿赂管理体系
		ISO/PC 271	合规管理体系
		ISO/TC 260	人力资源管理
		ISO/TC 171	文件管理应用

资料来源：ISO. Technical committees[OL]. http://www.iso.org/iso/home/standards_development/list_of_iso_technical_committees.htm

（二）ISO 国际标准支撑全球城市可持续发展

ISO 支撑城市可持续发展的标准体系可分为三个层次：宏观管理、中观管理和微观技术，如图 15 所示。

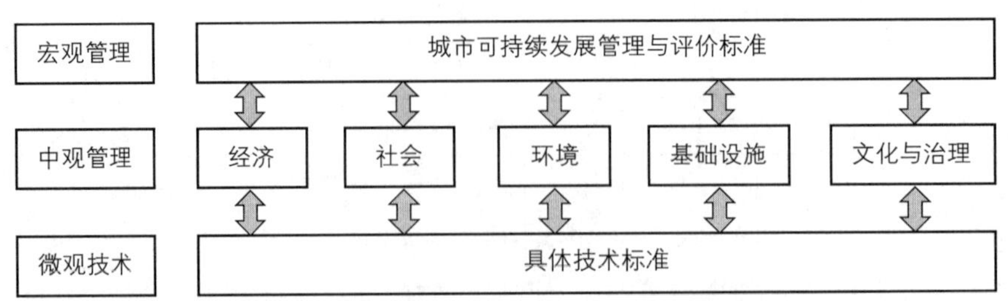

图 15　ISO 支撑城市可持续发展的标准

目前 ISO 有超过 19000 项标准支撑城市可持续发展，以下将简要介绍城市可持续发展宏观管理和中观管理的重要标准[35,36]。

1. 宏观管理

对城市可持续发展的宏观管理，ISO 于 2012 年 2 月 23 日成立了 ISO/TC 268 城市可持续发展标准化技术委员会，研究制定城市可持续发展管理体系评价体系标准，其组织结构和相关标准如图 16 所示。

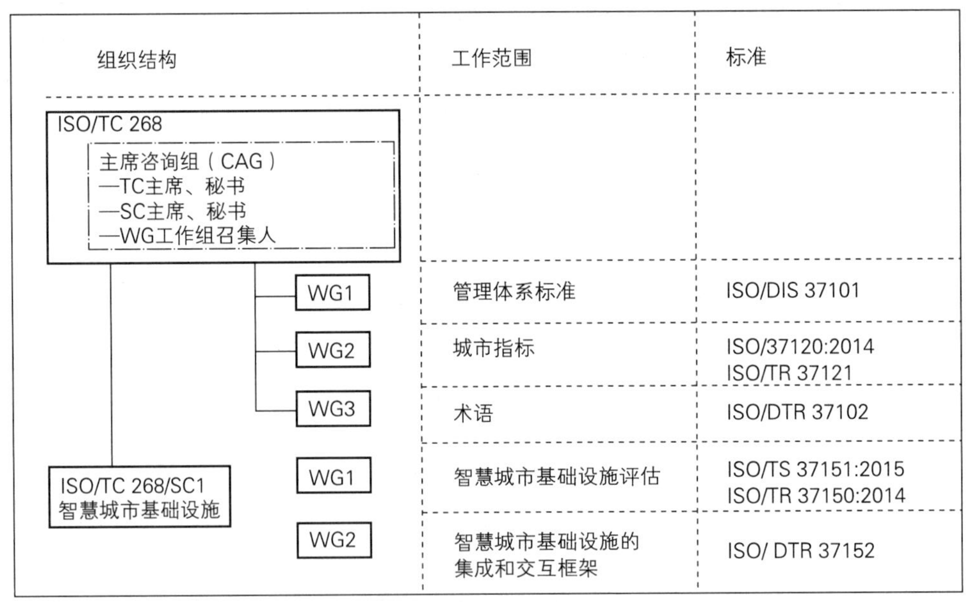

图 16　ISO/TC 268 组织结构及标准

2. 经济

ISO 标准为所有产业(包括农业、建筑业、机械工程、制造业、零售业、交通、健康、ICT、食品、水、环境、质量管理)提供标准。这些标准为所有产业增加投资、促进消费和贸易,并促进创新。多项研究表明,标准对 GDP 的贡献率为 1%,对劳动生产率的贡献为 13%,对世界贸易的影响超过 80%。

投资方面,ISO 为各类组织和个人提供金融服务、个人财务规划、资产管理、项目计划和投资组合管理等方面的 50 余项标准。

质量管理方面,ISO 9001 是 ISO 发布的第一个管理体系标准,已在世界超过 178 个国家应用。其他的管理体系标准包括:ISO 14001 环境管理、ISO/IEC 27001 信息安全、ISO 22000食品安全、ISO 28000 供应链安全、ISO 31000 风险管理、ISO 55001 能源管理、ISO 39001道路交通安全管理等。质量管理方面的标准有力推动了消费,促进了全球贸易发展。

3. 社会

ISO 围绕社会发展,制定包括社会责任、健康、安全等方面的国际标准,以帮助各级政府、社会组织应对社会发展的问题,有力支撑联合国千年目标的实现。

社会责任方面,ISO 26000 社会责任指南由来自 99 个国家、超过 40 个国际组织的专家参与制定,旨在规范社会组织社会责任行为的自愿性国际指导性标准,帮助社会组织通过实际行动实现良好的社会责任愿景。ISO 26000 引起了世界各国的普遍关注。

健康方面,目前 ISO 共有 19 个技术委员会制定了超过 1400 项与健康相关的国际标准。这些标准包括健康信息、实验室设备与检测、医疗设备和评估、牙科、保健产品消毒、植入手术、假肢和矫形、患者数据保护等。

安全方面,ISO 共有 5 个技术委员会制定涉及安全的标准,涉及公共安全、私人安全、火灾安全、风险管理、业务连续性管理、设施管理等多个方面。2014 年 6 月 16 日,ISO/TMB 决定整合 ISO/TC 223、ISO/TC 247 和 ISO/PC 284,组建 ISO/TC 292 安全。

食品方面,ISO 共有超过 1000 项与食品相关的标准,涉及食品生产、加工企业、检测实验室、包装和运输、批发销售等方面。近年来,ISO 将食品供应链安全作为工作重点,发布了 ISO 22000 食品安全管理体系,并在超过 138 个国家实施。联合国粮农组织(UN-FAO)是 ISO 的 41 个 TC 或 SC 的联络机构。

4. 环境

环境方面,ISO 制定了环境管理体系标准,以及大量与环境、资源利用相关的国际标准。1993 年 6 月,ISO 成立了 ISO/TC 207 环境管理技术委员会,正式开展环境管理系列标准的制定工作,以规划企业和社会团体等所有组织的活动、产品和服务的环境行为,支持全球的环境保护工作。ISO/TC 207 制定的 ISO 14000 环境管理体系标准,为发达国家、发展中国家和转型国家的各种类型的公共部门和私营部门提供了一个框架，以降低其各类活动对环境造成的损害，符合相关认证要求，持续改进其环境绩效，提高其资源使用效率。ISO 14000 系列标准包括 25 项标准，涉及生命周期分析、环境标识、温室气体等。目前，ISO 14000 在全球超过 155 个国家和经济体使用。ISO 已经制定了超过 650 项国际标准，以帮助利益相关方对空气、水、土壤、核辐射等进行管理和提供技术支撑。

提高资源利用效率方面，ISO/TC 242 制定了 ISO 50001 能源管理体系标准，为利益相关方更好地利用现有能源消耗资产，提供能源资源的透明管理和交流，评估并确定新能源效率技术的实施和其优先顺序，温室气体排放削减计划有关的能源管理改进等帮助。此外，还包括能源效率、可再生能源、建筑设计及更新、能源节约评估等方面的国际标准。

5. 基础设施

ISO 围绕基础设施的建设、管理、维护等方面开展标准化工作。目前，为交通、供水及卫生、污水处理、固体废弃物处理、能源、信息技术等方面共有 15 个技术委员会，制定了 1700 余项标准，联合 IEC 制定了 2273 项涉及信息技术的标准。

6. 文化与治理

针对现阶段城市治理的特点和需求，ISO 制定（正在制定）包括反贿赂管理体系、合规管理体系、管理咨询，以及人力资源管理等方面的标准。

综上所述，ISO 涉及城市可持续发展的标准基本形成了覆盖可持续发展重点领域和方向的标准体系，如图 17 所示。

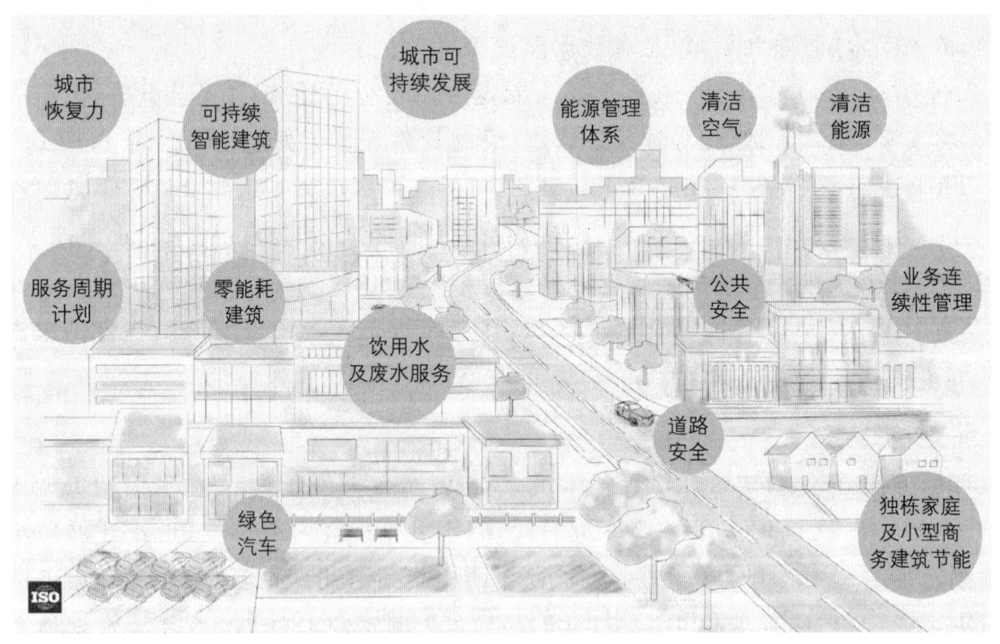

图 17　ISO 支撑城市可持续发展[37]

二、ISO/TC 268 组织结构及标准进展分析[38]

近年来，全球城镇化进程不断加快，带来了巨大的经济效益，与此同时也引起了人口膨胀、资源短缺、环境污染等一系列严重问题，国际组织和发达国家加大了对城市可持续发展管理的标准化研究工作。2012 年 2 月 23 日，国际标准化组织(ISO)响应联合国、世界银行等国际组织、以及世界各国对可持续发展标准化的需求，批准成立 ISO/TC 268 Sustainable development in communities(城市可持续发展标准化技术委员会)。ISO/TC 268 是 ISO 最新成立的跨行业、跨部门的技术委员会，其工作领域涉及政治、经济、文化、环境、社会、基础设施等方方面面，受到世界各国的普遍关注。

(一) ISO/TC 268 的组织结构及成员

1. ISO/TC 268 的组织结构

目前，ISO/TC 268 围绕城市可持续发展，组建了一个分技术委员会和三个工作组。ISO/TC 268/SC1 智慧城市基础设施量化评估负责研究制定智能城市基础设施量化评估标准，ISO/TC 268/WG1 负责研究制定城市可持续发展管理体系标准，ISO/TC 268/WG2城市指标体系标准[39]，ISO/TC 268/WG3 术语，ISO/TC 268 的组织机构如图 18 所示。由于 ISO/TC 268 的工作领域涉及到政治、经济、文化、环境、社会、基础设施等方方面面，紧密跟踪并实质性参与国际标准的研究制定具有重要意义。

此外，ISO/TC 268 在第二次全会中成立了三个特别工作组，以加快社区可持续发展国际标准研制、推广工作。其中“工作计划工作组”负责 ISO/TC 268 工作计划的意见收集、整理工作，成员来自英国、德国、丹麦、日本和加拿大。“标准推广工作组”负责 ISO/TC 268 国际标准在全球范围的推广工作，每个工作组至少有一名专家参加。负责人为荷兰的 Nico Tillie，秘书为 Bernard Leservoisier，成员包括：中国、日本、加拿大。“标准术语工作组”负责 ISO/TC 268 术语的研究工作，每个工作组至少有一名专家参加。负责人为丹麦的 Kim Christiansen，秘书为英国的 John Devaney，成员来自中国、德国[40]。

2. ISO/TC 268 及 ISO/TC 268/SC1 的成员

2012 年 2 月，ISO/TC 268 和 ISO/TC 268/SC1 成立以来，其 P 成员和 O 成员不断增加。截至 2015 年 6 月底，ISO/TC 268 有 24 个 P 成员、19 个 O 成员；ISO/TC 268/SC1 有 19 个 P 成员、13 个 O 成员，见表 4。

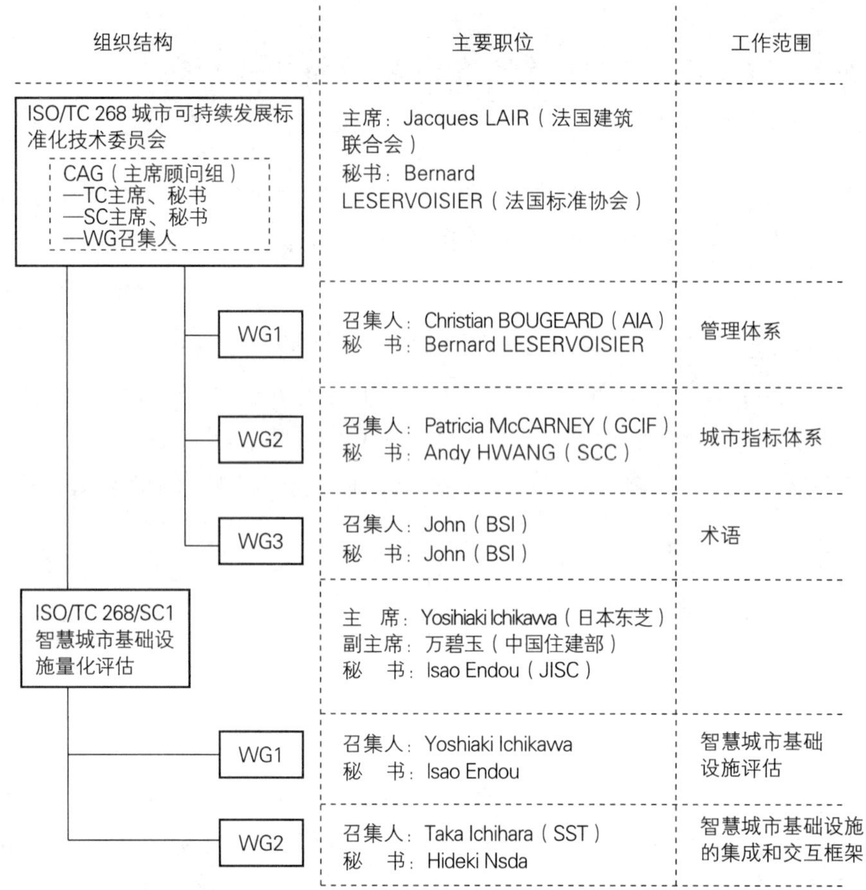

图 18　ISO/TC 268 组织结构图

表 4　ISO/TC 268 和 ISO/TC 268/SC1 的 P 成员和 O 成员[41]

	ISO/TC 268		ISO/TC 268/SC1	
序号	P 成员	O 成员	P 成员	O 成员
1	奥地利(ASI)	阿根廷(IRAM)	阿根廷(IRAM)	巴西(ABNT)
2	巴巴多斯(BNSI)	澳大利亚(AS)	奥地利(ASI)	捷克(UNMZ)
3	加拿大(SCC)	比利时(NBN)	加拿大(SCC)	埃及(EOS)
4	智利(INN)	巴西(ABNT)	中国(SAC)	芬兰(SFS)
5	中国(SAC)	哥伦比亚(INCONTEC)	丹麦(DS)	印度(BIS)
6	捷克(UNMZ)	芬兰(SFS)	法国(AFNOR)	马来西亚(DSM)
7	丹麦(DS)	印度(BIS)	德国(DIN)	波兰(PKN)
8	埃及(EOS)	伊朗(ISIRI)	日本(JISC)	新加坡(SPRING SG)
9	法国(AFNOR)	韩国(KATS)	韩国(KATS)	瑞士(SNV)

续表

序号	ISO/TC 268		ISO/TC 268/SC1	
	P 成员	O 成员	P 成员	O 成员
10	德国(DIN)	黎巴嫩(LIBNOR)	墨西哥(DGN)	土耳其(TSE)
11	以色列(SII)	马来西亚(DSM)	荷兰(NEN)	挪威(SN)
12	日本(JISC)	波兰(PKN)	挪威(SN)	阿联酋(ESMA)
13	毛里求斯(MSB)	葡萄牙(IPQ)	俄罗斯(GOST R)	美国(ANSI)
14	墨西哥(DGN)	新加坡(SPRING SG)	南非(SABS)	
15	荷兰(NEN)	瑞士(SNV)	西班牙(AENOR)	
16	挪威(SN)	泰国(TISI)	斯里兰卡(SLSI)	
17	俄罗斯(GOST R)	特立尼达和多巴哥(TTBS)	瑞典(SIS)	
18	塞内加尔(ASN)	土耳其(TSE)	英国(BSI)	
19	南非(SABS)	阿联酋(ESMA)	美国(ANSI)	
20	西班牙(AENOR)			
21	斯里兰卡(SLSI)			
22	瑞典(SIS)			
23	英国(BSI)			
24	美国(ANSI)			

从表 4 可以看出，ISO/TC 268 和 ISO/TC 268/SC1 的成员主要也欧美发达国家为主，仅有中国、南非、埃及、塞内加尔、斯里兰卡等 5 个发展中国家。

(二) ISO/TC 268 工作范围及与相关领域的关系

1. ISO/TC 268 的工作范围及相关内涵分析

ISO/TMB(技术管理局)批准成立 ISO/TC 268 时，明确了 ISO/TC 268 的工作范围：为推动各类城市实现可持续发展，为各类城市提供支撑技术和工具，包括管理体系要求、指南和相关标准，不涉及城市发展建设方面的具体技术和标准。由于 ISO/TC 268 涉及相关领域多、部门多，需要进一步明晰城市、可持续发展等的内涵，以帮助社会各界充分了解 ISO/TC 268 的工作领域。

推动各类城市实现可持续发展是 ISO/TC 268 标准化工作的目标。1972 年以来，联合国通过召开全球性会议，逐步确定了可持续发展的概念：经济增长、社会进步、环境保护是可持续发展的三大支柱，社会与经济发展必须与环境保护相结合，以确保世界的可持续发展和人类的繁荣[3]。2012 年联合国可持续发展大会把“可持续发展和消除贫困背景下的绿色经济”“促进可持续发展的机制框架”作为两大主题，将“评估可持续发展取得的进展、存在的差距”“积极应对新问题、新挑战”“做出新的政治承诺”作为三大目标，进一步推进全球、区域和国家的可持续发展。对可持续发展的概念和内涵，ISO/TC 268 完全接受了联合国的定义，并正按照 2012 年联合国可持续发展大会提出的“评估可持续发展取得的进展、存在的差距”的目标开展城市可持续发展管理体系标准和评估标准的研究工作。

2. ISO/TC 268 工作范围与相关领域的关系

由于 ISO/TC 268 是一个跨行业、跨领域的综合性 TC，涉及经济、社会、环境发展的各个方面，因此有必要梳理清楚 ISO/TC 268 与相关领域的关系。根据 ISO/TMB 对 ISO/TC 268 组建的批复文件及 ISO/TC 268 的工作计划，ISO/TC 268 为各类城市提供支撑技术和工具，包括管理体系要求、指南和相关标准，不涉及城市发展建设方面的具体技术和标准，以期推动各类城市实现可持续发展。ISO/TC 268 是从宏观角度对城市的经济、社会、环境等方面提出可持续发展的宏观要求，提供管理体系、指南和相关标准；而其他相关领域为满足这些要求制定相应的标准。由此可见，ISO/TC 268 与相关领域之间是宏观、中观、微观紧密配合，且各有侧重的关系，其关系如图 19 所示。

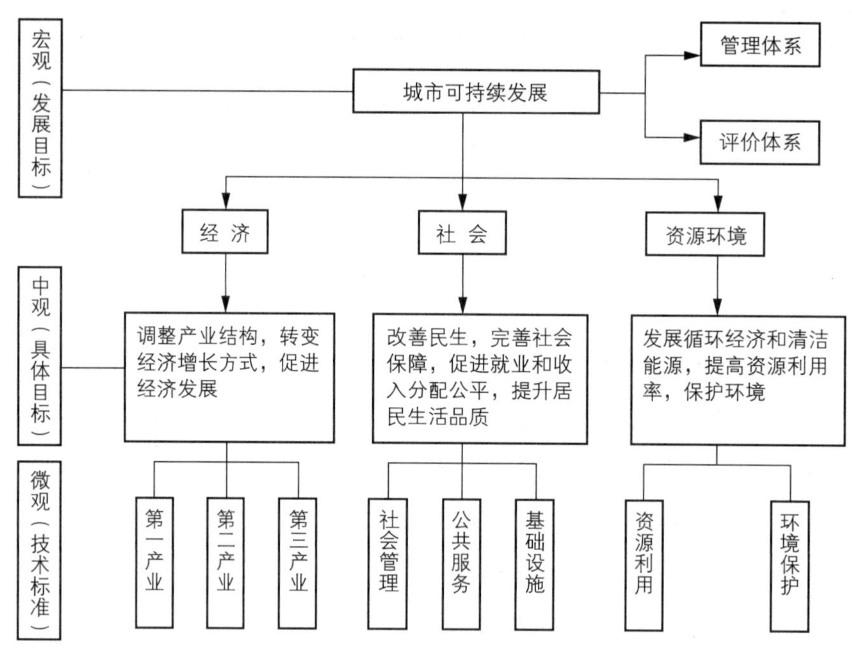

图 19　ISO/TC 268 工作范围与相关领域的关系

（三）可持续发展国际标准进展

ISO/TC 268 成立以来，加快了可持续发展国际标准的研制步伐[42]。截至 2015 年 2 月，ISO/TC 268 已经发布和正在研制的标准和技术文件共 7 项，如表 5 所示。

表 5 ISO/TC 268 已发布和正在研制的标准和技术文件

标准编号	标准名称
ISO/DIS 37101	城市可持续发展及恢复 管理体系 一般原则和要求
ISO/DTR 37102	城市可持续发展及恢复 术语
ISO 37120:2014	城市可持续发展 关于城市服务和生活品质的指标
ISO/TR 37121	城市可持续发展及恢复指标回顾
ISO/TR 37150:2014	智慧城市基础设施 现有衡量方法回顾
ISO/DTS 37151:2015	智慧城市基础设施 绩效评价的原则和要求
ISO/DTR 37152	智慧城市基础设施 发展和操作的共同框架

目前 ISO/TC 268 组织结构和国际标准进展情况如下：

1. 城市可持续发展及恢复管理体系标准

ISO/TC 268/WG1 负责研究制定城市可持续发展及恢复管理体系标准。目前，ISO/TC 268/WG1 共有包括中国、法国、德国、英国、日本、加拿大、荷兰在内的 13 个国家，以及 GCIF 和 UNEP 两个国际联络组织。城市可持续发展及恢复管理体系是法国 AFNOR 于 2011 年 11 月向 ISO TMB 提出。城市可持续发展及恢复管理体系标准分为三类、八部分，如表 6 所示。

表 6 城市可持续发展及恢复管理体系（ISO 37100）标准

序号	ISO 37100 系列标准名称
1	城市可持续发展及恢复 管理体系 一般原则和要求
2	城市可持续发展及恢复 管理体系 建成区
3	城市可持续发展及恢复 管理体系 新建区
4	城市可持续发展及恢复 管理体系 术语
5	城市可持续发展及恢复 管理体系 绩效指标
6	城市可持续发展及恢复 管理体系 绩效评估
7	城市可持续发展及恢复 管理体系 服务周期计划
8	城市可持续发展及恢复 管理体系 生命周期成本

2015 年 4 月，ISO/TC 268/WG1 完成的 ISO/DIS 37101 包括九部分：范围、相关标准、定义、社区的内涵、管理、计划、支持、运作、绩效评估、改进。标准提案中对社区内外部事务进行总结，包括减贫、经济效率、社会一体化与社区融合、文化与遗产、自然资源保护与管理、消除社会与环境影响、自然、工业与技术风险管理、温室气体排放、提升社区安全与健康等。此外，还对城市管理组织的作用、责任和权利提出了要求。并计划在 2015 年 7 月完成投票，在 2015 年 10 月的工作组会议期间对各国提出的意见进行了讨论。此部分，计划于 2015 年正式发布成为正式国际标准[43]。

2. 城市指标体系标准

ISO/TC 268/WG2 负责研究制定城市指标体系标准。目前，ISO/TC 268/WG2 共有包括中国、法国、德国、英国、日本、加拿大、荷兰在内的 13 个国家，以及 GCIF 和 UNEP 两个国际联络组织。2011 年 6 月全球城市指标机构（GCIF）向 ISO/TMB 提出的一套标准的城市指数、方法和定义的国际标准提案，用来衡量城市发展情况，获得通过。2012 年 2 月，GCIF 向 ISO/TMB 提出走快速程序的提案。2012 年 7 月，GCIF 提出走“Living Lab Procedure”。2013 年 3 月，ISO/TC 268/WG2 完成 DIS 稿，明确从生活质量和城市状态两个层面、22 个方面提出了 139 个指标，其中生活质量 17 个方面 100 个指标，城市状态 5 个方面 39 个指标。已于 2014 年 5 月发布成为国际标准[44]。ISO/TC 268/WG2 开展了一项新的研究 ISO TR 37121，以进一步梳理世界各国涉及城市可持续发展的评价指标体系[45]。此外，2015 年 5 月，ISO/TC 268/WG2 已经结束对智慧城市指标的新工作提案进行投票，并决定于 ISO/TC 268/SC1 共同开展标准研制工作；在 2015 年 6 月工作组会议期间，来自 APEC 的专家提出了低碳城市评价指标的新标准提案。

3. 城市可持续发展术语标准

ISO/TC 268/WG3 负责研究制定城市可持续发展术语标准。目前，ISO/TC 268/WG3 共有包括英国、德国、日本、加拿大、俄罗斯在内的 8 个国家，及一个国际联络组织——UNEP。2015 年 3 月，ISO/TC 268/WG3 完成了 ISO/CD 37102，共三部分：范围、规范性引用、术语和定义，其中第三部分从可持续发展、恢复与智慧，组织、城市与社区，管理，质量与控制，指标与测量，基础设施与服务六个方面提出了 56 个术语。2015 年 6 月，工作组会议期间与会专家就各国提出的意见进行了讨论。

4. 智慧社区基础设施评价标准

ISO/TC 268/SC1 负责研究制定智慧城市基础设施标准。2011 年 11 月日本 JISC 提出的“Smart urban infrastructure metrics”（为了与 TC/268 名称保持一致，后改为 Smart community infrastructure metrics）的国际标准提案。提案针对目前城市基础设施的评价指标体系较多，对城市管理者而言存在很大的困难，需要通过定量分析的方法衡量城市能源、水、交通、ICT 等城市基础设施，所采取的评估方法仅涉及技术方法，不涉及政治、社会、文化等方面。建议文件的大纲包括范围、参考、术语与定义、通则、评估的城市基础设施范围、城市基础设施标准、总结和分析、下一步计划等八部分。

目前，ISO/TC 268/SC1 已经出版 ISO 37151:2015《智慧城市基础设施　绩效评价原则和要求》[46]、ISO 37150:2014《智慧城市基础设施　与评价相关的研究回顾》[47]。2015 年 6 月，SC1 会议期间，ISO/TC 268/SC1 决定成立 AHG2 智慧城市基础设施——交通设施最佳实践指南、AHG3 城市基础设施之间信息共享的案例研究和建议。ISO/TC 268/SC1 正在开展的研究项目包括由 ISO/TC 268/SC1/WG2 负责的 ISO/DTR 37152《智慧城市基础设施　开发与运营通用框架》。2015 年 6 月的工作组会议期间，日本的 Yicheng Zhou 在 ISO/TC 268/SC1/WG1 中提出了 ISO/PWI 37153《智慧城市基础设施　性能和集成成熟度模型》。

（四）小结

从上述分析可以看出，ISO/TC 268 城市可持续发展标准化技术委员会的工作范围涉及城市及工业园区、商务区、居民区等不同类型、规模的区域，工作内容是以推进城市可持续发展为目的的管理体系、支撑技术和工具，不涉及城市可持续发展具体领域的具体技术标准。但就工作内容而言，ISO/TC 268 与经济发展、社会进步、环境保护等方面的具体行业、领域之间有十分密切的关系，是宏观与微观、指导与被指导的关系。目前，我国是 ISO/TC 268 和 ISO/TC 268/SC1 的 P 成员，并担任了 ISO/TC 268/SC1 的副主席职位。正是由于 ISO/TC 268 与经济、社会、环境等的密切关系，需要社会各界密切关注 ISO/TC 268 的国际标准进展情况，并积极参与到相关的国际标准化工作中去，积极将我国城市、社区可持续发展的成功经验和做法向全世界推广，为国际标准化工作贡献力量。

根据上述标准的进展，本部分重点解析 ISO 37101、ISO 37120 和 ISO 37151，以及 IWA9 的内容和特点。

三、ISO 37101 解读

ISO/TC 268/WG1 负责研究制定城市可持续发展管理体系标准，其所制定的第一项标准“ISO 37101 城市可持续发展—管理体系—基本原则与要求”。目前正处于国际标准草案(DIS 稿)阶段，按照 ISO/TC 268/WG1 的工作计划，ISO 37101 将于 2015 年下半年完成[38]。

ISO 37101是关于城市可持续发展中第一项关于管理体系的标准，该项标准的制定和实施将推动各国城市可持续发展。本部分将对ISO 37101的内容进行详细分析，旨在使我国各界及时了解ISO 37101的内容及进展情况。

（一）ISO 37101的框架结构[48]

“ISO 37101关于城市可持续发展及恢复—管理体系—基本原则及要求”这项国际标准是借鉴ISO 14000管理体系标准的经验，将针对城市可持续发展制定成系列标准以及其他文件。该项标准旨在为城市可持续发展提出总原则及要求，帮助确保城市良好运转的所有不同的利益相关方、组织、基础设施、进程、技术和目标（也就是所有不同领域）融合和互通。

目前该标准共分为10章，内容涉及范围、规范性引用、术语和定义、城市环境、领导、计划、支持、运行、绩效评估和改进，详见表7。

表7 ISO 37101各章节及主要内容

	主要内容
第一章 范围	对设计、实施、维护和改进管理体系方面提出要求，以使城市采用系统方法实现可持续发展
第二章 规范性引用	
第三章 术语	共包括36个术语，包括“责任”“审核”“城市”“能力”“合格评定”“评价”“效率”等术语和定义
第四章 城市的内容	包括6小节，主要包括“对城市的理解及其内容”“城市可持续发展及恢复的管理体系”“对相关方需求及期望的理解”“改进和发展城市持续的目的”“在制定城市可持续发展及恢复管理体系时应考虑的问题”等内容
第五章 领导	主要包括“领导和承诺”“政策”及“城市的角色、责任及权利”等内容
第六章 计划	包括“初步复审”“确定问题的意义”“利益相关方的识别及参与”“可持续性发展、智慧及恢复目标的确定及计划的实现”“风险和机遇的描述”及“应对风险和机遇的路径”等内容
第七章 支持	包括“资源”“能力”“认识”“能力建设”“交流”及“文件信息”等内容
第八章 运行	包括“运行计划与控制”及“城市项目、计划的运行和活动的调整”等内容
第九章 绩效评估	包括“监测、衡量、分析及评价”“内容审核”及“管理复审”等内容
第十章 改进	包括“不合格及改进措施”及“持续改进”等内容

对 ISO 37101 的内容基本可以分为四个方面：

一是技术性说明，主要包括第一章至第三章，即“城市可持续发展管理体系涉及的范围”“城市可持续发展管理体系引用的标准及规范”和“城市可持续发展管理体系涉及的术语和定义”三章。

二是基础性规定，主要包括第四章、第五章，即“城市可持续发展管理体系包括的内容”和“城市可持续发展管理体系对领导者的要求”两章。

三是操作性要求，主要包括第六章、第八章，即“城市可持续发展管理体系建设的计划”和“城市可持续发展管理体系的运行与控制”两章。

四是保障性规范，主要包括第七章、第九章、第十章，即“城市可持续发展管理体系的支持系统”“城市可持续发展管理体系的监测与评估“和“城市可持续发展管理体系的持续改进”三章。

如果用图表达的话，可以分为战略步骤和操作步骤，如图 20 所示。

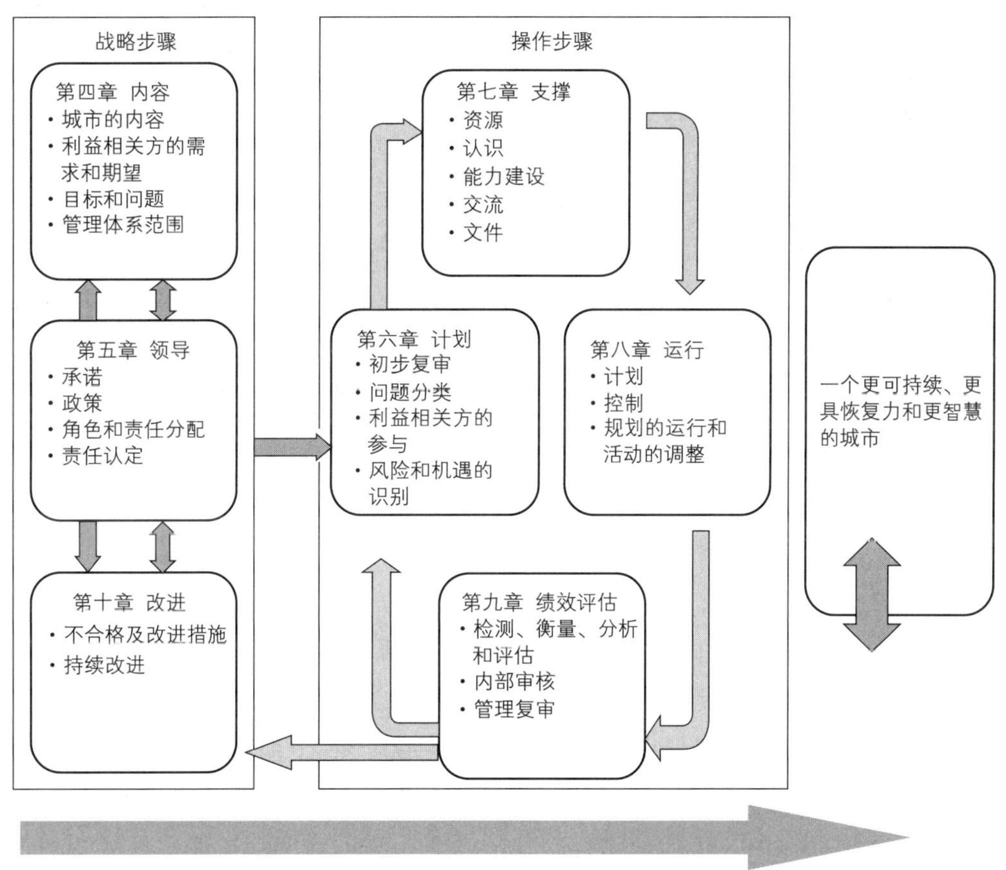

图 20 ISO 37101 的战略步骤和操作步骤

从图 20 中可以看出，ISO 37101 的战略步骤是循环的，而操作步骤则是建立在计划、支撑、运行和评价这样的连续循环中。将其结合在一起进行实施,则有助于城市更可持续,更具恢复力、更加智慧。

(二) ISO 37101 的内容分析

1. “城市的内容”是 ISO 37101 的核心部分

为解决城市持续可持续发展中的问题,ISO 37101 的第四章中确定了“城市的内容”,其中包括“理解城市及其内容”“城市可持续发展及恢复的管理体系”“对相关方需求及期望的理解”“改进和推动城市可持续发展的目的”等内容。这些都是城市可持续发展中的核心问题,在 ISO 37101 中的其他各章,都是围绕这一章的内容而展开论述的。

2. “领导”是 ISO 37101 的关键环节

“领导”这一章是 ISO 37101 的关键环节,或者说是 ISO 37101 能够得以实施的关键所在,即领导者的认识,领导者的责任。有了领导者的认识和行动,才会有相应的决策和部署,以及对于目标的设计和日常的协调。这一章要求最高管理者要保证制定可持续发展的政策和目标,并与城市的战略方向相融合。同时还要求各城市或社区将可持续发展纳入其商业过程中。必要时,与其他城市合作,以实现成功实施管理体系标准。

ISO 37101 标准要求最高管理者制定可持续发展的相关政策,并要求其所制定的政策要与城市发展的目标相一致,并与地区的经济、环境、社会环境相适应,解决好发展中的各种问题。因此在制定可持续发展的政策时,要考虑开展可持续发展可能产生的影响,并按要求提供纸质文件,在城市或社区中进行宣传,让各相关方能够及时获得。

3. “计划”是城市可持续发展的依据和基础

ISO 37101 要求各组织进行基础复审,以在制定计划的间隔期制定优先工作计划。分析现状,分析现行政策、目标的相关内容,包括规划、政策、计划和项目,从而确定复审范围,复审方法,分析和评价,并由各利益相关方参与。

基础复审工作包括所建议的城市可持续发展的短期、中期和长期优先工作,并编辑成文件。在制定计划的时候,应首先找出问题,并让各利益相关方了解经济、环境和社会对其规划、项目和活动的影响,以及可能涉及到的风险。所制定的计划应实现可持续发展和可恢复的目标,计划的目标应与可持续发展和恢复政策保持一致,并要考虑适用性、可操作性和可监督性,并要积极宣传,不断更新。

城市可持续发展中风险和机会并存,为了使机会最大化,使风险最小化,各组织应进行评估，以识别出问题，分析积极的或是负面的影响，分析主要风险机会，并给最大机会和最小风险优先提供资源，以实现城市可持续发展的目标。

4. 资源、能力和意识等方面形成支持系统

ISO 37101 在第七章中要求组织提供可持续发展持续改进、实施和维护中所必需的资源，诸如人力、资金、技术和运行资源等。

在能力方面，组织应保证从事可持续发展工作的人员接受相应的教育、培训或经验；适当时采取行动获得必要的能力。

从事可持续发展的人员应了解可持续发展和可恢复的管理体系效果，包括改进绩效和持续改进，以及如果不符合城市可持续发展和恢复要求所造成的影响。

因此 ISO 37101 在第七章中要求各组织加强能力建设，对那些负责实施可持续发展管理体系的人员进行培训，并就可持续发展及恢复的管理体系进行内外部交流。

5. 对绩效评价提出要求，以保障实施质量

在 ISO 37101 的第九章要求各组织对必须监督的内容进行分析和评价，对监督、分析和评价的方法及开展的时间做出决定，并要求编辑成文件，以便今后使用。在第九章中建议采用 ISO 37120 城市指标评价标准进行评价。

在 ISO 37101 中的第九章要求进行内审，并要求管理者进行复审，提出改进方法，以实现持续改进。

在内审阶段，ISO 37101 要求各组织要在计划的间隔期进行内部审核，旨在符合本组织的城市管理体系，以及国际标准的要求。为此，各组织应计划、制定、实施和维护审核规划，包括频次、方法、责任、计划要求和报告。审核规划应考虑相关程序的重要性及前期的审核结果。各组织要确定审核标准和每次的审核范围，并选择审核员进行审核，以保证审核目标和审核过程的公正性。各组织要保证将审核结果报告给相关管理者，并形成文件，以作为实施审核计划和审核结果的证据。

在管理者复审阶段，要求管理人员对城市可持续发展及恢复管理体系进行复审，诸如通过利益相关方的参与，以保证管理体系的适用性和有效性。管理人员复审应包括相关方的参与，并考虑前期管理复审所采取的措施，与可持续发展管理体系相关的内外部问题的改进情况等，包括不符合的情况及纠正措施，监测结果、审核结果等。管理者复审结果中应包括持续改进的决定和任何需要城市可持续发展管理体系的改进内容，并形成文件。

在改进部分中，应包括不合格的内容和改进措施，并包括如何从根本上找到不合格的原因，以及不再发生的措施。要求持续改进，并组织设计不断改进的路线图，用矩阵图表达可持续发展的决定。

（三）ISO 37101 的主要特点

总结 ISO 37101 的主要特点，可以用三个结合来概括。

1. 宏观战略与具体实施步骤的结合

ISO 37101 规范的是城市可持续发展。顾名思义，“城市”是一个相当大的区域，包括诸多的内容和要素；“可持续”则是一个较长的时间和发展概念。因此，ISO 37101 自然要以战略性要求为基础。而 ISO 37101 的实施，又自然涉及步骤、规范以及保障性条款。ISO 37101 的重要特点，是宏观战略的要求（如第四章、第五章、第十章）和具体实施步骤规范（如第六章、第七章、第八章、第九章）的结合。既体现了 ISO 37101 的目标维度，又充分表现了其可实施性。

2. 基本规范与各地实际情况的结合

城市可持续发展的挑战是全球性的，ISO 37101 是旨在推动全球城市实现可持续发展的国际标准，而各国的城市发展涉及到诸多个性化的问题，如民族习俗、文化传统、地域环境、自然资源、发展背景等。因此在很大程度上，城市可持续发展的目标要建立在本地化的基础之上。ISO 37101 比较充分地考虑到世界各国的不同情况，比如某些城市或社区可能是发达国家的一个商业区，也可能是发展中国家的一个村落、山区、海滨度假区，甚至可以是一个土著社区或游牧社区。在这一基础上，提出了立足于可持续发展基本理念、基本原则、基本目标的城市可持续发展国际标准。

3. 开放性要求与闭环性规范的结合

ISO 37101 标准的规范具有开放性的特点，其开放性表现在两个方面，一是没有对绩效设定基准或期望值，二是充分考虑到不同国家城镇化的不同特点。但与所有管

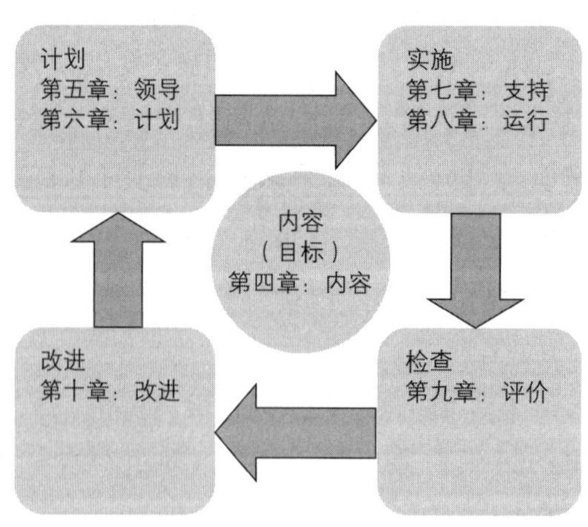

图 21　ISO 37101 标准的闭环系统

理系统标准一样,ISO 37101 标准建立在 PDCA 的方法之上,它可以作如下简要描述,即计划:建立必要的目标和过程,根据社区目标发布结果;实施:实施过程,实现目标;检查:根据社区政策、目标、法律和其他要求监督和权衡过程,并报告结果;改进:实施必要的行动以提高绩效。而围绕的核心,即目标,是第四章:“城市的内容”。

(四) 小结

ISO 37101 是对各国城市可持续发展先进经验及理念的科学总结。我们应该以积极的态度应对,积极参与,积极推广,积极实施。这对于我们总结和反思多年来城镇化发展的经验、教训,全面贯彻落实中国共产党“十八大”确定的城镇化、城镇化发展目标和发展战略具有十分重要的意义。ISO 37101 的开放性和包容性,为我们充分考虑我国的国情以及我国各地区不同的自然条件、不同的发展水平、各民族不同的文化习俗,在各自不同特点基础上发展城镇化和城镇化以充分的个性化空间,这对我国如何切合实际地推动城市可持续发展具有重要的启示。

ISO 37101 是一个跨多个领域、兼顾不同国家情况的国际标准,且城市可持续标准化是国际标准化的一个新领域。目前,ISO 37101 已在 DIS 稿阶段。ISO 37101 以及其他城市可持续标准今后还会根据新形势和新问题不断的进行修改、补充、完善。我们要密切关注 ISO 37101 及其他城市可持续标准的发展、修订,以及时跟进城市可持续发展国际标准化的步伐。同时,由于城市可持续标准涉及的领域非常广泛,我们要在参与制定、修订的过程中,以及在国家标准转化中,保持应有的慎重,坚持应有的立场和原则。

要正确领会 ISO 37101 标准关于“城市”和“社区”的概念及内涵。在国际城市可持续标准化领域,“城市”和“社区”的内涵是基本一致的,从类型上说,这些城市或社区可能是发达国家的一个商业区,可能是发展中国家的一个村落、山区、海滨度假区,甚至可以是一个土著社区或游牧社区。从规模和范围来说,城市或社区既可是一个很大的城市,也可以是一个不很大的城镇,还可是一个我们习惯所指的城市居民区。这一点,对于我们如何实施城市可持续国际标准,推动我国的城镇化科学发展十分重要。

ISO 37101 的实施(包括其他城市可持续国际标准的实施),对我国多年来进行的城镇化发展和城镇化建设是一个重大的调整,包括思维方式的调整、工作方式的调整、工作目标的调整、管理模式的调整,也将不可避免地与现有的种种我们已经习惯了的做法产生矛盾和碰撞。我们要认识到,城市可持续发展标准化与我国城镇化发展的理念是一致的,这对于正确领会和实施中国共产党的“十八大”确定的城镇化和城镇化发展方针和目标,其作用和意义将是极其重大的。因此,应该采用多种方式,对包括 ISO 37101 在内的各城市可持续发展国际标准进行尽可能广泛的宣传,尤其是对

于各级政府。

ISO 37101 与 ISO 37120《城市可持续发展　关于城市服务和生活品质的指标》国际标准相对应，ISO 37120 规定了城市可持续发展的指标体系，ISO 37101 则是 ISO 37120 的实施规范，包括如何计划、实施、控制、管理、评价和改进，构成城市可持续标准体系的重要组成部分。

四、ISO 37120 解读

ISO 37120 是 ISO/TC 268 发布的第一项关于城市可持续发展的国际标准，备受世界各国的关注。而我国正在处于城镇化快速发展阶段，该国际标准对指导我国推进城镇化进程，推动城市实现可持续发展具有十分重要的意义。

（一）ISO 37120 的宏观背景

1. 全球城镇化进程不断加快

城镇化也称为城市化，是指人口向城镇聚集、城镇规模扩大以及由此引起一系列经济社会变化的过程，其实质是经济结构、社会结构和空间结构的变迁[49]。根据联合国经济和社会事务部对世界城镇化的展望：1950 年，全球城市人口仅有 7 亿多，到 2014 年增加到 39 亿，到 2050 年将增加到 64 亿[50]。从图 22 可以看出，进入 21 世纪以来，全球进入了城镇化快速发展阶段，城镇化水平快速提高，城市已经成为推动全球可持续发展的核心。

根据联合国的预计，到 2050 年人口增加最多的是印度、中国和尼日利亚，将分别增加 4 亿、3 亿和 2 亿城市人口。城镇化进程的加快，带来了巨大的经济效益，同时也面临严峻挑战，特别是亚洲和非洲发展中国家。正如布赖恩・贝利在 1973 年指出的，"在发生快速城镇化的国家里，人们承受着最低的预期寿命、最低的营养水平、最低的能源消耗和最低的教育水平[51]。"城镇化快速发展的发展中国家正面临着新增城市人口的住房、基础设施、交通、能源、就业、教育和医疗需求等方面的巨大的挑战；已经进入城镇化成熟阶段的欧美发达国家也同样面临着经济发展和竞争力面临威胁、社会两极分化不断加重、自然资源消耗不断增加、人口老龄化等诸多问题[52]。若不能采取有效措施，将严重影响全球城镇化的健康发展。

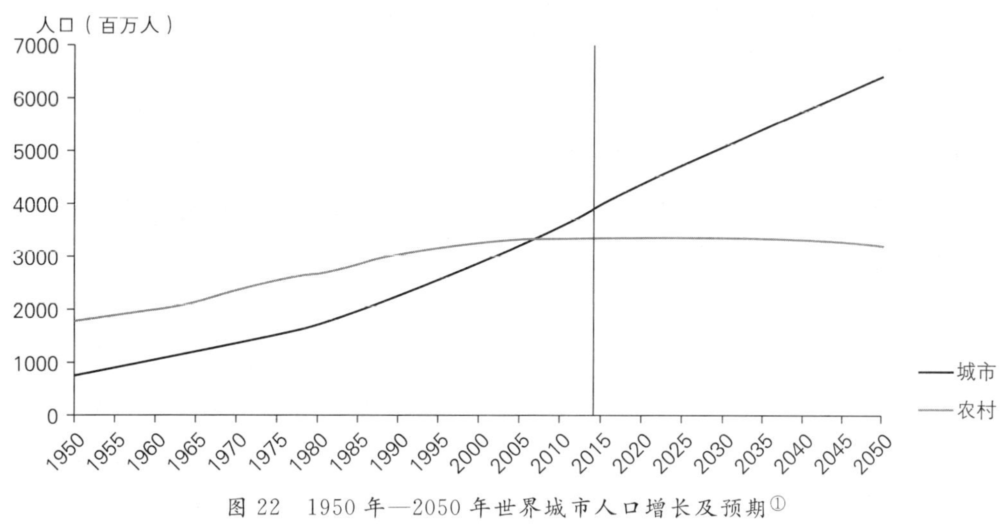

图 22　1950 年—2050 年世界城市人口增长及预期①

2. 评估城市可持续发展成为应对挑战的重要举措

面对城镇化发展的各种挑战，国际组织和世界各国通过研究建立城市可持续发展评价指标体系并开展评估，以期发现城市发展中的薄弱环节，以克服历年来城镇化进程中面临的诸如人口、环境、气候变化、社会等方面的问题。美国、加拿大、欧盟等发达国家和地区开始提出基于本国国情的城市管理指标体系。随着全球城镇化进程的加快，联合国人居署、联合国环境规划署、联合国教科文组织、世界卫生组织、经合组织、亚洲开发银行、欧盟等国际组织也开始关注城市管理工作，围绕各自负责的工作范围提出了城市管理指标体系[53]。这些城市指标体系在国际组织、各国政府、学术界内广泛使用，但在指标的设定和应用方面并不统一，造成这些指标体系在不同城市之间的可比性不强。标准化的缺失限制了各城市观察了解世界城市可持续发展趋势，共享推进城市可持续发展的最佳做法和相互学习的机会。因此，需要从标准化的角度研究建立一套综合评价城市可持续发展状况的指标体系，对城市可持续发展状态进行评估和监测。正是在此背景下，ISO 37120 应运而生。

（二）ISO 37120 的研制历程

ISO 37120 最初起源于世界银行于 2006 年启动的一项城市评价研究项目，于 2014 年正式发布成为国际标准，其研制历程可分为项目研究阶段和标准研制阶段。

1. 项目研究阶段

2006 年，世界银行（World Bank）启动了一项评价城市可持续发展的研究项目，

---

① 根据《世界城市展望 2014 版》（概要）翻译。

由世界银行城市局牵头，加拿大多伦多大学的全球城市指标机构（GCIF）承担研究工作。项目研究期间世界银行按照“由下至上”模式与巴西、加拿大、哥伦比亚和美国的9个城市合作开展试点工作。在通过与联合国人居署（UN HABITAT）、地方环境行动国际委员会（ICLEI）、世界发展研究中心（IDRC）、经合组织（OECD）及联合国环境规划署（UNEP）等开展合作的基础上，于2007年12月发布了《全球城市指标项目报告》[54]。

2．标准研制阶段

在此项目研究基础上，GCIF于2011年6月向ISO/TMB提出的一套衡量城市可持续发展指数、方法和定义的国际标准提案，用来衡量城市发展情况，获得通过。2012年2月，ISO/TC 268/WG2成立，并负责城市可持续发展评价国际标准研制工作。ISO/TC 268/WG2的召集人是来自加拿大GCIF的Paticia MCCARNEY教授，秘书是来自加拿大SCC的Jose HERNANDEZ先生，成员包括加拿大SCC、法国AFNOR、德国DIN、日本JISC、荷兰NEN、丹麦DS、中国SAC、俄罗斯COST R、南非SABS，合作企业为西门子，合作国际组织为GCIF、UNEP、世界银行、ICLEI、FIDIC等。2012年2月，GCIF向ISO/TMB提出走快速程序的提案，经ISO/TC 268投票，未通过。

为了推动ISO 37120的制定工作，世界银行和联合国人居署的官员分别致信ISO/TC 268的成员国，希望各国支持该项目，尽快出版该国际标准，如图23、24所示。2012年7月，GCIF提出走“Living Lab Procedure”，经ISO/TC 268投票，通过。2012年10月，ISO/TC 268/WG2完成工作文件（WD）的第一稿，并分别于2012年11月和2013年1月完成WD的第二稿和第三稿。2013年3月，ISO/TC 268/WG2完成国际标准草案（DIS）稿，明确从生活质量和城市状态两个层面、22个方面提出了139个指标，其中生活质量17个方面100个指标，城市状态5个方面39个指标[44]。2013年9月完成国际标准草案终稿（FDIS）稿，2014年5月正式发布，成为国际标准。为了推进ISO 37120的研制，ISO/TC 268/WG2共召开7次工作组会议[55]。此外，ISO/TC 268/WG2开展了一项新的研究ISO/TR 37121，以进一步梳理世界各国涉及城市可持续发展的评价指标体系，以及ISO 37120与ISO 37101和ISO 37151之间的关系[45]。

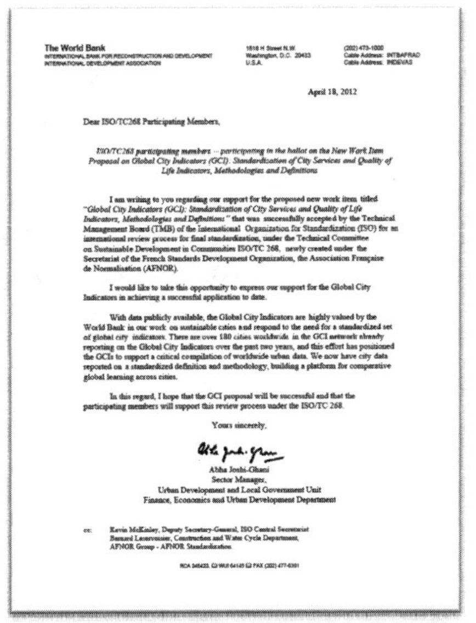

The World Bank
INTERNATIONAL BANK FOR RECONSTRUCTION AND DEVELOPMENT
INTERNATIONAL DEVELOPMENT ASSOCIATION

1818 H Street N.W.
Washington, D.C. 20433
U.S.A.

(202) 473-1000
Cable Address: INTBAFRAD
Cable Address: INDEVAS

April 18, 2012

Dear ISO/TC268 Participating Members,

ISO/TC268 participating members -- participating in the ballot on the New Work Item Proposal on Global City Indicators (GCI): Standardization of City Services and Quality of Life Indicators, Methodologies and Definitions

I am writing to you regarding our support for the proposed new work item titled "*Global City Indicators (GCI): Standardization of City Services and Quality of Life Indicators, Methodologies and Definitions*" that was successfully accepted by the Technical Management Board (TMB) of the International Organization for Standardization (ISO) for an international review process for final standardization, under the Technical Committee on Sustainable Development in Communities ISO/TC 268, newly created under the Secretariat of the French Standards Development Organization, the Association Française de Normalisation (AFNOR).

I would like to take this opportunity to express our support for the Global City Indicators in achieving a successful application to date.

With data publicly available, the Global City Indicators are highly valued by the World Bank in our work on sustainable cities and respond to the need for a standardized set of global city indicators. There are over 180 cities worldwide in the GCI network already reporting on the Global City Indicators over the past two years, and this effort has positioned the GCIs to support a critical compilation of worldwide urban data. We now have city data reported on a standardized definition and methodology, building a platform for comparative global learning across cities.

In this regard, I hope that the GCI proposal will be successful and that the participating members will support this review process under the ISO/TC 268.

Yours sincerely,

Abha Joshi-Ghani
Sector Manager,
Urban Development and Local Government Unit
Finance, Economics and Urban Development Department

cc: Kevin McKinley, Deputy Secretary-General, ISO Central Secretariat
Bernard Leservoisier, Construction and Water Cycle Department,
AFNOR Group - AFNOR Standardization

图 23 世界银行的致信

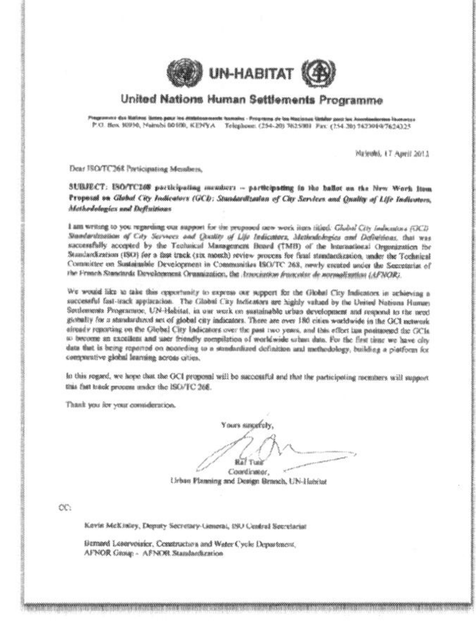

UN-HABITAT
United Nations Human Settlements Programme

P.O. Box 30030, Nairobi 00100, KENYA Telephone: (254-20) 7623001 Fax: (254-20) 7623919/7624325

Nairobi, 17 April 2012

Dear ISO/TC268 Participating Members,

SUBJECT: ISO/TC268 participating members -- participating in the ballot on the New Work Item Proposal on *Global City Indicators (GCI): Standardization of City Services and Quality of Life Indicators, Methodologies and Definitions*

I am writing to you regarding our support for the proposed new work item titled: *Global City Indicators (GCI) Standardization of City Services and Quality of Life Indicators, Methodologies and Definitions*, that was successfully accepted by the Technical Management Board (TMB) of the International Organization for Standardization (ISO) for a fast track (six month) review process for final standardization, under the Technical Committee on Sustainable Development in Communities ISO/TC 268, newly created under the Secretariat of the French Standards Development Organization, the *Association française de normalisation (AFNOR)*.

We would like to take this opportunity to express our support for the Global City Indicators in achieving a successful fast-track application. The Global City Indicators are highly valued by the United Nations Human Settlements Programme, UN-Habitat, in our work on sustainable urban development and respond to the need globally for a standardized set of global city indicators. There are over 180 cities worldwide in the GCI network already reporting on the Global City Indicators over the past two years, and this effort has positioned the GCIs to become an excellent and user friendly compilation of worldwide urban data. For the first time we have city data that is being reported on according to a standardized definition and methodology, building a platform for comparative global learning across cities.

In this regard, we hope that the GCI proposal will be successful and that the participating members will support this fast track process under the ISO/TC 268.

Thank you for your consideration.

Yours sincerely,

Raf Tuts
Coordinator,
Urban Planning and Design Branch, UN-Habitat

CC:

Kevin McKinley, Deputy Secretary-General, ISO Central Secretariat

Bernard Leservoisier, Construction and Water Cycle Department,
AFNOR Group - AFNOR Standardization

图 24 联合国人居署的致信

3. 标准的发布及后续工作

2014 年 5 月 15 日，在加拿大多伦多举行的全球城市峰会(Global Cities Summit)期间，ISO/TC 268 正式发布了 ISO 37120“城市可持续发展指标体系——关于城市服务和生活品质的指标”国际标准。与此同时，Paticia MCCARNEY 组建了世界城市数据委员会(WCCD)，并组织了包括多伦多、伦敦、上海等在内的 20 个城市就 ISO 37120 进行试点应用。2015 年 1 月开始，ISO/TC 268/WG 2 启动 ISO 37120 的修订工作。

（三）ISO 37120 的解读

1. ISO 37120 的日的

ISO 37120 通过建立了一套指标体系以帮助不同类型的城市衡量其城市服务和生活品质。其根本目的是衡量一段时间内城市的城市服务和生活品质的管理绩效，通过同类型城市之间的绩效横向比较，及时发现城市推进可持续发展过程中的不足之处，并与其他城市分享成功经验。

2. ISO 37120 的核心

在 1987 年，世界环境与发展委员会首次提出了“可持续发展”的概念，即“不损害未来一代需求的前提下，满足当前一代人的需求”。人是可持续发展的核心。正如古希腊哲学家亚里士多德所说：“人们来到城市，是为了生活。人们居住在城市，是为了生活得更好。”衣、食、住、行、教育、医疗、养老、就业等生存与发展的权利都是人们的基本需求，在满足生存与发展的前提下追求政治自由、和平、民主与平等更高层次的理想是人们高层次的需求。因此，可持续发展的根本目的是为了满足人的需求，确保人的权利。而ISO 37120秉承联合国“可持续发展”的思想，围绕城市居民生产、生活的各个方面，衡量城市保障城市居民发展的状况。因此，ISO 37120的核心是城市居民，这也与2014年3月发布的《国家新型城镇化规划（2014—2020年）》提出的“加快转变城镇化发展方式，以人的城镇化为核心……走以人为本、四化同步、优化布局、生态文明、文化传承的中国特色新型城镇化道路”[56]指导思想一致。

3．ISO 37120的评价指标及分类

ISO 37120文本共有二十二章，其中第一章为范围，重点介绍了ISO 37120适用范围：任何规模和地理位置的大、中、小型城市。第二章为规范性引用文件，ISO 37120第一版引用了两项ISO标准：ISO 37101《城市可持续发展　管理体系　基本原则和要求》，及ISO 1996：2《声学　环境噪声的说明、测量和评估　第2部分：环境噪声等级的测定》。第三章为术语和定义，给出了ISO 37120中关键的术语，包括城市、指标、全日制入学、自然灾害、中等教育、高等教育、有害废弃物、固体废弃物等。第四章为城市指标，对介绍了ISO 37120的目的，以及指标的分类。ISO 37120的指标包括评价指标和概要指标两大类。第五章—第二十一章为评价指标，每一章从不同角度衡量城市可持续发展状态，并按照英文字母顺序排序。ISO 37120正文从经济、教育、能源、环境、财政、火灾与应急响应、治理、健康、休闲、安全、庇护、固体废弃物、通信与创新、交通、城市规划、废水、水与卫生等17个方面设置了100项，其中核心指标46项，辅助指标54项，如表8所示[44]。核心指标是指应用ISO 37120评价城市服务和生活品质的绩效时应采用的指标；辅助指标是指应用ISO 37120评价城市服务和生活品质的绩效时宜采用的指标。所有核心指标和辅助指标均在附录A中列出。

表8　ISO 37120指标体系

	核心指标	辅助指标
经济（第五章）	城市失业率 商业和工业资产占全部资产百分比 贫困人口占城市人口百分比	全职人员占城市人口百分比 年青人失业率 每十万人企业数 每十万人年申请新专利数
教育（第六章）	适龄女童入学率 初等教育完成率：结业率 中等教育完成率：结业率 初等教育师生比	适龄男童入学率 适龄儿童入学率 每十万人获得高等教育学历人数

续表

	核心指标	辅助指标
能源 (第七章)	居民年均用电量(千瓦时/年) 获得授权电力服务人口百分比 公共建筑年耗电量(千瓦时/平米) 可再生能源占城市能源消耗的百分比	人均用电量/kW·h/a 年人均电力中断次数 电力中断平均时长/h
环境 (第八章)	细颗粒物(PM2.5)浓度 可吸入颗粒物(PM10)浓度 年人均温室气体排放量/(t/人)	二氧化氮(NO_2)浓度 二氧化硫(SO_2)浓度 臭氧(O_3)浓度 噪声污染
财政 (第九章)	偿债比率(债务支出占市政自由收入的百分比)	资本支出占全部支出的百分比 自有来源收入占总收入的百分比 税收占总税收的百分比
火灾与应急响应 (第十章)	每十万人消防员人数 每十万人火灾死亡人数 每十万人自然灾害死亡人数	每十万人志愿和兼职消防员人数 突发事件报警响应时间 火灾报警响应时间
治理 (第十一章)	上届市政选举选民参与率(占合法选民的百分比) 妇女占市级官员的百分比	妇女占市政府雇员的百分比 每十万人市政官员腐败和/或贿赂人数 市民代表性:每十万人本地官员人数 登记选民占投票年龄人口百分比
健康 (第十二章)	平均预期寿命 每十万人医院病床数 每十万人医生人数 每千名活产新生儿五岁以下死亡率	每十万人护士和助产士人数 每十万人心理医生人数 每十万人自杀率
休闲 (第十三章)		人均室内公共休闲面积 人均室外公共休闲面积
安全 (第十四章)	每十万人警察人数 每十万人凶杀案数	每十万人侵犯财产犯罪数 报警响应时间 每十万人暴力犯罪数
庇护 (第十五章)	贫民窟居住人口百分比	每十万人无家可归人数 非法住宅百分比
固体废弃物 (第十六章)	享受定期固体废弃物收集人口的百分比 人均固体废弃物收集量 城市固体废弃物循环利用百分比	城市固体废弃物中填埋处理的百分比 城市固体废弃物中焚烧处理的百分比 城市固体废弃物中露天焚烧处理的百分比 城市固体废弃物中露天垃圾场处理的百分比 城市固体废弃物中其他方式处理的百分比 人均产生有害废弃物/t 城市有害废弃物循环处理的百分比

续表

	核心指标	辅助指标
通信与创新（第十七章）	每十万人互联网连接人数 每十万人手机拥有量	每十万人固定电话拥有量（辅助指标）
交通（第十八章）	每十万人大容量公共交通公里数 每十万人轻型公共交通公里数 年人均乘坐公共交通工具的次数 人均拥有私人汽车数量	使用公共交通（而非私家车）的通勤人员比例 人均拥有两轮机动车数量 每十万人自行车道公里数 每十万人交通死亡人数 商用飞机连通性（直达商用飞机目的地数量）
城市规划（第十九章）	每十万人绿化面积/hm^2	每十万人年均种植树木数量 非正式居住面积占城市面积百分比 工作/居住比
废水（第二十章）	享受废水收集城市人口的百分比 未经处理城市废水的百分比 经过初级处理城市废水的百分比 经过二级处理城市废水的百分比 经过三级处理城市废水的百分比	
水与卫生（第二十一章）	享受饮用水供水服务城市人口的百分比 持续获得改良供水服务城市人口的百分比 获得改善卫生设施服务城市人口的百分比 人均生活用水量/（L/d）	人均耗水总量/（L/d） 年均每个家庭供水中断时间 水损失比
注：根据 ISO 37120:2014 翻译，以最终翻译稿为准。		

此外，在附录 B 中按照人口、住房、经济、地理与气候四个方面列出了 39 项概要指标。概要指标提供基本统计信息和背景信息，以帮助城市选择那些同类型城市进行横向比较。

4. ISO 37120 的特点

与现阶段国内研究相比，ISO 37120 所建立的指标体系具有十分鲜明的特点。

一是 ISO 37120 是以人为核心，以推动可持续发展为根本目的建立的一套综合评价城市可持续发展状态的指标体系。ISO 37120 顾及城市居民的感受，从与城市居民生产生活密切相关的城市服务和生活品质两个层面出发，围绕城市居民的生存权、发展权和自由权，建立了涉及城市可持续发展各个方面的指标体系。

二是 ISO 37120 综合评价城市发展状况，涉及经济、社会、环境、基础设施、文化、治理等可持续发展的方方面面，指标数量多。ISO 37120 的 100 项指标全部为定量指标，且基本可以分为规模、结构和绩效三大类，综合评价与城市居民密切相关的各个方面。此外，ISO 37120 强调经济、社会、环境、基础设施、文化等在推动城市可持续发展过程中同等重要。ISO 37120 每一层级所有指标的权重都相同。这与近期我国城市可持续发展政策一致。2013 年，《中共中央关于全面深化改革若干重大问题的决定》明确提出“完善发展成果考核评价体系，纠正单纯以经济增长速度评定政绩的偏向，加大资源消耗、环境损害、生态效益、产能过剩、科技创新、安全生产、新增债务等指标的权重，更加重视劳动就业、居民收入、社会保障、人民健康状况”的具体要求。

三是 ISO 37120 涉及温室气体排放、选举、反腐败等敏感问题，由于我国所处发展阶段、政治制度、管理体制均与欧美发达国家不同，应理性看待。以人均温室气体排放量为例，尽管改革开放以来，我国实现了经济平稳较快发展，人民生活水平显著改善，我国作为一个发展中国家，仍然处于社会主义初级阶段，主要体现在：人口众多、生态脆弱、人均资源占有不足，人均国内生产总值尚排在全球百位左右，仍有 1.22 亿贫困人口，资源环境对经济发展的约束增强，区域发展不平衡问题突出，科技创新能力不强，改善民生的任务十分艰巨[57]。尽管我国已是全球温室气体排放总量最大国家，我国政府一直都在优化能源结构、提高能源利用效率、节约能源、发展可再生能源和核电、加强低碳技术研发与应用、植树造林等方面积极开展行动，努力减缓温室气体排放增速，但也不可能在朝夕间达到欧洲先进国家的水平。

四是 ISO 37120 将在实际应用的基础上不断完善。根据 ISO/TC 268/WG2 第七次工作组会议决定，已启动 ISO 37120 的标准修订工作。为了开展有效的修订工作，ISO/TC 268/WG2 已经于 2014 年 5 月开始，组织各国共同开展 ISO 37120 的试点工作。目前，初步选定北美洲美国的纽约、加拿大的多伦多，南美巴西的圣保罗，欧洲英国的伦敦，非洲南非的德班，亚洲中国的上海、印度的孟买、阿拉伯联合酋长国的迪拜，大洋洲澳大利亚的墨尔本 9 个大型城市进行试点。到目前为止，全球已有 20 个城市完成试点应用工作，为下一步标准修订工作奠定了基础。由于 ISO 37120 涉及可持续发展的各个方面，我国经济财政制度、政治制度与欧美国家有较大差异，我国应积极参加 ISO 37120 的试点工作，以期发现对我国发展不利的指标，并在 ISO/TC 268/WG2 随后的修订工作中及时提出修改意见。

（四）小结

城市是我国国民经济和社会发展的重要载体。目前我国正在进行的城镇化，无论是规模还是速度，都是人类历史上前所未有的。城镇化进程的加快，带来了巨大的经济效益，也伴随着人口膨胀、资源短缺、环境污染等问题，严重影响我国城市的健康发展。此外，随着我国经济、社会的快速发展，广大城市居民对国家、政府和自身有了更高的期盼和更多的要求，包括更好地参与经济建设、更完善的社会保障体系、更广泛的公共服务、更优美的自然环境等。ISO 37120 是以人为核心，以推动城市可持续发展为最终目标的国际标准。通过实施 ISO 37120，将有助于推动各城市实现健康、有序发展，进而有效推动我国城镇化进程。

推动城市可持续发展是近年来党和国家政策关注的重点。十八大报告提出："把生态文明建设放在突出地位，融入经济建设、政治建设、文化建设、社会建设各方面和全过程，努力建设美丽中国，实现中华民族永续发展"，提出"到 2020 年，城镇化质量明显提高"的发展目标。因此，实施 ISO 37120 是落实国家相关政策的重要举措。

五、ISO 37151 解读

城市基础设施是城市运行和实现发展目标的基础。城市基础设施投资对城市实现千年发展目标和减少贫困十分重要。由于近年来全球城镇化进程的加快，城市对基础设施的需求不断增加。根据 OECD 的报告，到 2030 年全球对基础设施的需求总额超过 53 万亿美元；而据亚洲开发银行的预计，亚洲各经济体的基础设施要想达到世界平均水平，内部基础设施投资需要 8 万亿美元，区域性基础设施建设另需 3000 亿美元[58]。由于人类活动超过了地球的承载力，需要城市基础设施高效地支撑城市可持续发展，而解决方案之一就是建设"智慧城市"。近年来，全球范围内兴起了"智慧城市"热潮，城市基础设施产品、服务（包括解决方案提供）市场快速增加。

面对城市基础设施发展的需求，ISO/TC 268/SC1/WG1 负责研究制定智慧城市基础设施框架标准，目前已发布 ISO 37151:2015《智慧城市基础设施　绩效评价的原则和要求》。ISO 37151 的目的就是通过协调基础设施产品推动城市基础设施产品和服务的全球贸易，推动城市可持续发展。因此，许多世界知名企业参与了 ISO 37151 的研制，包括东芝、日立、西门子等。ISO 37151 提出了城市基础设施评价的原则和特定要求，并给出了分析城市基础设施的推荐方法。

（一）ISO 37151 的基本框架

ISO 37151 按照城市基础设施→城市设施→城市服务的模型，如图 25 所示，重点分析基础设施的绩效。

ISO 37151 提出不仅仅考虑城市基础设施的建设问题，还要考虑自然生态系统的

层面		功能
城市服务	贡献（↑）	教育、卫生、公共安全、旅游等
城市设施		商务建筑、办公楼、工厂、医院、学校、休闲设备
城市基础设施		能源、水、交通、废弃物、ICT等

注：ICT 可分为两类，一类是指城市基础设施，如通信、通用数据库等；另一类是指用于控制的设备、设施等；ISO 37151 中的 ICT 指的是前一类。

图 25　城市基础设施到城市服务

利用问题。基于上述思想，目前的 DIS 稿共有六章（前言、简介、附录和参考文献除外），各章节的主要内容如表 9 所示[46]。

表 9　ISO 37151 章节及主要内容

章　节	主要内容
第一章　范围	ISO 37151 的基本内容和适用范围
第二章　规范性引用	
第三章　术语和定义	ISO 37151 共给出了包括：城市基础设施、可持续性、互操作性、生命周期、提供商、安全等 14 个术语和定义
第四章　概述	
第五章　原则	提出了城市基础设施的理想特性、城市事务相关的基础设施绩效、主要利益相关方等
第六章　确定评价的通用方法要求	明确了评价的通用方法的四个步骤：一是明确城市基础设施的主要利益相关方；二是确定主要利益相关方的需求；三是根据主要需求确定性能特征；四是确定依据需求和性能特征指标（明确评价方法和评价范围）

（二）ISO 37151 的内容分析

1. 基本原则

（1）城市基础设施的理想特性

ISO 37151 提出依据城市基础设施性能指标的定义、识别、优化或协调，智慧城市基础设施的性能指标应考虑以下理想特性：

——相互协调；

——为所有与城市基础设施产品和服务相关的利益相关方（地方政府、开发商、供应商、投资者和使用者）提供有用信息；

——通过对城市基础设施性能评价，促进城市的可持续发展和恢复力；

——适用于各类型城市及其基础设施的各发展阶段；

——反映城市基础设施的动态特性；

——充分考虑城市面临的各类问题的协同效应，如环境问题、城市服务质量等，仅考虑城市的某一方面不能被认为是“智慧”的；

——注重城市基础设施的先进性能，如互操作性、可扩展性和效率，而不是维持现状；

——适用于不同城市(地理位置、大小、经济结构、经济发展水平、基础设施发展状态)和城市内所有个人(年龄、性别、收入、残疾人、种族)；

——考虑支持城市运行和活动的基础设施(如能源、水、交通、废弃物、ICT)；

——技术上可实现的解决方案；

——全面考虑城市基础设施(具体而言，要综合、系统地考虑城市基础设施，包括城市基础设施之间的交互和协作)；

——评估城市基础设施的技术性能(效率、有效性)，而不是某一技术的特性；

——基于透明和科学逻辑。

(2) 与城市事物相关的城市基础设施绩效

ISO 37151 认为通过城市基础设施绩效评价体系衡量城市基础设施的性能特点，应与城市事物相对应。这是为了确保通过城市基础设施绩效评价体系所反映出的城市基础设施状态能改进或应对城市事务。城市事务是城市发展所面临的挑战，各城市的城市事务根据其发展目标的不同而不同。ISO 37120 和联合国可持续发展指标(UNCSD)有助于理解城市事务。

ISO 37151 提出了一个城市事务和基础设施绩效的关系表，如表 10 所示。

表 10　城市事务与城市基础设施关系表

城市基础设施性能特征	城市事务			
	事务 1	事务 2	事务 3	事务 4
性能特征 A	* * *	* *	*	
性能特征 B	* *	* *	*	
性能特征 C	*	* * *	*	
性能特征 D	*	* * *	*	
注：* 的数量表明城市事务与基础设施关系的紧密程度。				

(3) 应考虑的利益相关方

通常，一个城市有多个利益相关方，每个利益相关方都有其关注的点。传统的方法很难满足所有利益相关方的诉求。如，城市可以通过增加公共交通的服务数量来提高其便利性，但很难同时降低公共交通的成本及其对环境的影响。因此，ISO 37151 通过多角度、均衡的方式确定覆盖不同利益相关方的城市基础设施绩效指标。ISO 37151 提出在确定城市基础设施绩效指标时，应考虑到市民、企业、市政府、基础设施运营商、产品服务提供商和金融机构与投资商等利益相关方。

——市民：市民是城市基础设施的主要使用者。因此，需要从市民的角度确定城市基础设施绩效指标；

——企业：在城市中的企业（包括计划进入城市的企业）是城市基础设施的另一个主要使用者。城市的管理者和规划者必须考虑企业的利益，因为城市基础设施的性能不仅在城市经济中扮演重要角色，还是招商引资的关键；

——市政府：作为城市管理者，市政府监管城市基础设施运行；

——基础设施运营商：基础设施运营商是城市基础设施服务的供应商，与城市基础设施绩效直接相关；

——产品、服务和解决方案提供商：尽管产品、服务和解决方案提供商并不总是基础设施服务的直接提供者，其提供基础设施运营商所必需的机器、设备、系统、服务和解决方案；

——金融机构和投资者：城市基础设施的建设和运营项目基本都是规模大、时间长的项目，金融机构和投资者起到了非常重要的作用。城市基础设施的绩效是其融资和投资的标准之一。

2. 基础设施评价的通用方法要求

（1）城市基础设施的主要利益相关方

ISO 37151 提出城市基础设施的主要利益相关方最少应包括：市民、城市管理者和环境，如图 26 所示。

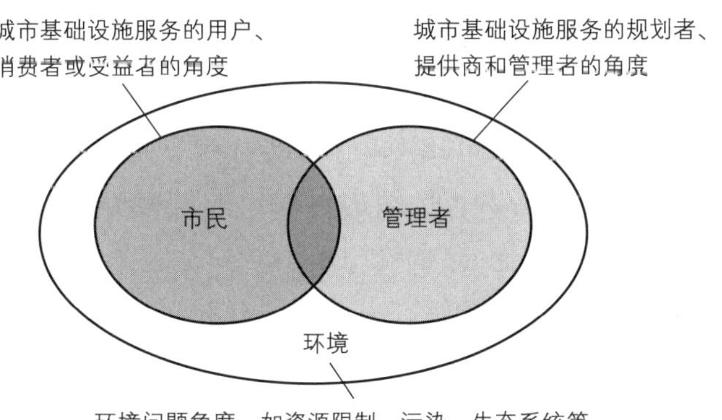

图 26 ISO 37151 主要利益相关方的多维视角模型

从市民角度看，城市基础设施服务的用户、消费者或受益者包括市民、游客、企业等。因此,城市基础设施绩效特征体现在用户的直接感觉和所关心的地方,如基础设施的便利性、安全性等。

从管理者角度看,城市基础设施的管理者包括基础设施服务的规划商、提供商和管理者。因此,城市基础设施绩效特征体现在基础设施服务的提供,如运行效率、可维护性、可扩展性等。

从环境角度看,城市基础设施绩效特征体现在其对资源的利用、污染和生态系统等。

(2)明确主要利益相关方的需求

确定主要利益相关方后,需要进一步分析各主要相关方的需求。ISO 37151认为:

市民的需求包括可用性(所有市民都能通过服务受益)、可获得性(无论市民的身体和精神状况都有机会获得服务)、可承担性(潜在用户能负担的服务的费用)、安全性(所有市民不会因为基础设施服务的中断或其他事故受到伤害)、服务质量(城市基础设施运营商提供超出可用性的差异化服务)。

管理者的需求包括运行效率(依据城市的需求和有效利用,适当设计城市基础设施的规模)、经济效益(从社会经济角度对城市基础设施的投资)、信息可用性(城市基础设施的绩效信息有效、可用)、可维护性(城市基础设施系统易于维护)、恢复性(城市基础设施可在经济情况下提供服务,并迅速恢复)。

环境需求包括资源利用效率(城市基础设施高效使用自然资源,减少废弃物)、减缓气候变化(城市基础设施的设计、运营、维护都应缓解气候变化)、防止污染(城市基础设施的设计、运营、维护都应减少污染)、保护生态系统(城市基础设施的设计、运营、维护都应保护并改善生态系统)。

(3)确定性能特征

在确定主要利益相关方的需求后,ISO 37151进一步将需求转化为性能特征。

1)从市民角度的性能特征

可用性方面的性能特征包括可用时间(基础设施提供服务的时间)、区域覆盖率(基础设施提供服务覆盖区域占城市区域的比例)、人口覆盖率(享受基础设施提供服务人口占城市人口比例)、稳定性(基础设施不中断提供服务的能力)。

可获得性方面的性能特征是指所有人获得并使用的能力(无论市民的语言、身体状况等,所有市民都能够使用基础设施)。

可承担性方面的性能特征是指服务价格(使用城市基础设施的价格)。

安全性方面的性能特征包括安全性(城市基础设施的设计、运营、维护的风险应降低到可容忍的范围内,不同城市的不同基础设施有所差异)、网络安全和数据安全(城市基础设施的设计、运营、维护,通过防止意外访问和数据泄漏来保护信息和控制系统)、物理安全性(城市基础设施的设计、运营、维护,能保护市民并防止蓄意攻击,如恐怖主义、犯罪和恶作剧)。

服务质量方面的性能特征包括服务能力(城市基础设施能够提供服务,而不会造成拥堵或使用量的限制)、便于理解和使用的程序(城市基础设施可通过相对简单的程序使用,包括用户界面)、正确的发票(城市基础设施提供正确金额发票的时间、服务质量等的程度)、城市基础设施的特定质量(与个人基础设施相关的质量,如交通的持久性、饮用水的味道、市内的个人流动性等)、信息提供(向市民提供基础设施的运营计划、破损状况、疏散信息、紧急情况下预计恢复周期和代替服务信息等)。

2) 从管理者角度的性能特征

运行效率方面的性能特征包括互操作性(城市基础设施提供服务的同时能接受来自其他基础设施的服务,通过相互交换使其有效运作)、设施的适当大小(相关设施能满足需求的适当大小,如供水系统管网的总长度或水处理厂的生产能力等)、面向需求的灵活性(城市基础设施的设计、运营、维护,使其能按照城市的人口和产业结构的长期变化灵活增加或减少服务的提供量)、运营效率(有效提供服务的能力,服务的损失量控制在一定程度)。

经济效益方面的性能特征包括全生命周期成本(城市基础设施项目的所有成本,包括初期建设、运行、维护和停运)、投资效率(对城市基础设施的投资是经济有效的)。

性能信息的可用性方面的性能特征主要指顾客沟通(可向使用者提供城市基础设施的设计、运营、维护等必要的性能信息)。

性能维护方面的性能特征主要包括维护的适宜性(城市基础设施由一个系统或设施正常使用的活动维护,如资产管理、维护和更新计划)、维护的效率(城市基础设施的设计应基于基础设施便于维护的角度,如减少维护、正常寿命、无缝操作、模块化和远程维护等)。

恢复力方面的性能特征主要包括稳健性(城市基础设施、设备能够抵御自然灾害、袭击等突发事件造成的破坏)、冗余度(城市基础设施应有一定的冗余度,使其在突发事件造成某些部分损坏或失去功能情况下能持续提供服务)、可替代性(城市基础设施应提供替代设施用于在突发事件下能继续在一定程度上提供服务)、迅速恢复(城市基础设施能在突发事件后迅速恢复)。

3) 从环境角度的性能特征

资源高效利用方面的性能特征主要包括能源高效利用(城市基础设施的能源单位消耗量降低)、自然资源的高效利用(城市基础设施的自然资源单位消耗量降低)、废弃物减少(城市基础设施的废弃物单位净值量降低)。

减缓气候变化方面的性能特征主要是指温室气体排放量(城市基础设施的设计、

运营、维护，都应降低温室气体的排放，可通过使用可再生能源、碳捕捉和存储、高效发动机等实现）。

防止污染方面的性能特征主要包括污染物排放总量[城市基础设施应减少污染物排放总量，如废气中的氮氧化物（NO_x）、硫氧化物（SO_x 的）、颗粒物质（PM）等，废水中的化学需氧量（COD）、生物需氧量（BOD）等，飞灰和底灰中的重金属、二恶英等]、感官滋扰的水平（降低任何基础设施造成的感官上滋扰，如噪声、震动、气味等）。

保护生态系统方面的性能特征主要包括：绿地面积（限制城市基础设施的设计、运营、维护对公园、湿地、河道缓冲区、步道等城市绿地的影响，基础设施应采取无净损失原则）、地表径流和排水控制（限制城市基础设施的设计、运营、维护对地表径流和排水控制的影响）、为人类和公共健康做贡献（减少城市基础设施的设计、运营、维护对健康和具有生产力的生态系统产生的不利影响）。

（4）确定评价

确定主要利益相关方的需求及其性能特征后，ISO 37151 提出了确定评价的基本要求，主要包括以下几点：评价体系应确定评价的范围，以及评价的每一方面的内容和条件，包括涉及哪些利益相关方；还应规定如何评估，包括可能的数据来源、可能的数据收集方法、数据编码等；此外，还需要对相关风险进行分析。

运用上述的评价方法所确定的城市基础设施指标会因不同的城市和用户的角度和需求不同而不同。ISO 37151 提出如果某个城市无法直接评价时，可通过加权测量该城市所在区域的情况进行间接评价。

（三）ISO 37151 的主要特点

1. 确定了基础设施的范围和类型

城市有很多发展目标，包括生活品质、经济发展、减贫、防止污染、缓解拥堵等。ISO 37151 提出城市发展目标实现的基础是基础设施，并提出城市基础设施分为六大类：能源、水、交通、废弃物、ICT 和其他。在 ISO 37151 中重点分析了前五类基础设施。

2. 采用了层层渐进的分析方法

为了统一城市基础设施的评价体系的指标筛选方法，ISO 37151 采用了层层渐进的分析方法。首先，确定城市基础设施的主要利益相关方；其次，确定每个主要利益相关方的需求；再次，根据每个主要以立项官方需求确定性能特征；最后，依据性能特征确定评价指标（包括评价方法和基准）。

3. 给出了基础设施评价指标体系的范例

为了便于使用，ISO 37151 在附录中列出了中国、德国、日本、法国、西班牙等国运用 ISO 37151 分析方法开展的评价的情况，如表 11 所示。

表 11 ISO 37151 的应用示例

	能源	水	交通	废弃物	ICT
中国			√(道路)		√
德国		√			
日本	√	√	√(铁路、道路)	√	√(通信、计算平台、ICT 服务)
法国		√		√	
西班牙		√			

从上述应用可以看出，ISO 37151 的适用性较强，上述各国依据 ISO 37151 提出的分析方法，结合本国基础设施建设情况提出了适宜于本国的评价指标体系。

（四）小结

ISO 37151:2015 是 ISO/TC 268/WG1 研制的国际标准，该标准遵循可持续发展原则，提出了“主体—需求—特征—指标”的分析方法。在全球城镇化进程加快，城市基础设施需求不断加大的背景下，通过 ISO 37151 评价城市基础设施建设水平，及时发现基础设施的薄弱环节，有助于各国明确基础设施发展重点，提高城市可持续发展水平。

六、IWA 9 解读

商务区指一个国家或大城市里主要商务活动进行的地区，是一个城市、一个区域乃至一个国家的经济发展中枢。商务区高度集中了城市的经济、科技和文化力量，作为城市的核心，具备金融、贸易、服务、展览、咨询等多种功能，并配以完善的市政交通与通信条件。因此，商务区是城市推进可持续发展的重要环节。

IWA 9 商务区可持续发展管理框架是 2011 年 ISO 发布的国际研讨会协议，IWA 9 由法国提出，来自澳大利亚、加拿大、中国、法国、意大利、纳米比亚、波兰、英国和美国等国的 23 位专家参与制定。中国参与的专家来自北京、上海和沈阳等城市的中央商务区。法国 AFNOR 于 2012 年在 IWA 9 的基础上进一步提出了城市可持续发展管理体系国际标准提案，并承担了ISO/TMB于2012年2月批准成立的ISO/TC 268的秘书处，由IWA 9的主要起草人Bernard担任ISO/TC 268的秘书。根据ISO/TC 268的工作计划，ISO/TC 268将制定一系列城市下属区域（包括商务区、工业园区、居民区等）可持续发展标准。本部分重点分析IWA 9的思路和主要内容。

（一）IWA 9的基本框架

IWA 9为商务区可持续发展管理提供了一个基本框架，包括商务区的评价、对比和提高绩效，并提出了一套供商务区衡量其经济、社会、环境绩效的指标体系。

IWA共分为六章，内容包括范围、规范性引用、术语和定义、商务区可持续发展及可持续性的原则和概念、可持续性商务区规划、应用商务区可持续发展和可持续性原则的框架，详见表12。

表12　IWA 9各章节及主要内容[60]

章节	主要内容
第一章　范围	IWA 9的基本内容和适用范围
第二章　规范性引用	IWA 9引用了ISO 6707-1和ISO 14050
第三章　术语和定义	IWA 9共给出了责任性、资产、商务区、功能、影响、指标等26个术语和定义
第四章　商务区可持续发展及可持续性的原则和概念	商务区可持续发展的原则、可持续性概念及效益、商务区的特点和功能
第五章　可持续性商务区规划	商务区的发展愿景与价值观、边界、目标、可持续性战略、资源计划、组织、管理、初步审查
第六章　应用商务区可持续发展和可持续性原则的框架	可持续发展政策，可持续性的规划，商务区可持续性战略的实施，可持续发展绩效的监测、评估和回顾

（二）IWA 9的内容分析

1. 商务区可持续发展的原则

为了有效管理商务区可持续发展，需要相应的决策和行动框架。IWA 9为实现上述目标，对商务区可持续发展提出了十条原则，并建议商务区管理部门在提高和管理其经济、环境、社会绩效时应充分考虑以下原则：

一是责任性，商务区应对其社会、环境的影响承担责任；二是透明性，商务区应清晰、准确、及时、正直、完整地公开影响社会、经济、环境的决策和活动；三是社会责任，个人或群体开展各类行动应当承担的社会责任，及可能的法律或金融后果；四是长期考虑，做决策时应审查其短期、中期和长期影响，五是整体观，考虑和评估商务区的可持续发展时，应考虑可持续发展的各个方面，用全面的方法解决商务区生命周期内可持续性的各个方面的问题；六是平等性，商务区应客观、平衡地考虑代际间和社会内部涉及环境保护、经济效率、社会需求方面的问题；七是全球思维和本地行动，商务区采取行动时应考虑其行动对本地、地区和全球的影响；八是有关各方的参与，分析有关各方的需求、在各自负责领域的贡献和要求，及其参与的时机和影响，九是预防和风险管理，根据预防原则，通过风险管理，降低影响，其中，预防（避免风险）是指按照预防原则，以对未来的影响为基础分析潜在风险，并防止其发生，风险管理（对确定的风险进行管理）包括一系列相互协调的行动，包括风险评估、风险处置、风险沟通等；十是持续改进，通过评估、核查、监测和交流等手段，提高与商务区可持续发展相关的各个方面的可持续性，包括经济、环境、社会方面的绩效。

运用可持续发展的理念，按照上述原则，开发和管理商务区可对全球和地方的发展将带来更多的益处，包括更大的投资回报，提供更高效的劳动力，增大创造财富的机会，增强当地的生物多样性，减少温室气体排放等。

2. 商务区的特点和功能

每个商务区都是独一无二的，但商务区都有以下三个特点和功能。

首先，商务区不仅是一个单一的开发区域，也是建筑和土木工程的集成。一个商务区的开发、运营和改善有其生命周期，包括规划、设计、建设、运营、维护、结束，或更新、重复使用或拆除。关于建筑环境生命周期计划的详细信息可参阅 ISO 15686 系列标准。

其次，商务区是一个工作、生活的社会化区域。在商务区的生命周期内，应考虑如何为其用户提供合适的工作、生活、学习、休闲和其他社会活动的条件，还应考虑各相关方的行为及其对商务区的技术和功能要求。通常相关方以此为基础评价商务区的性能。

再次，商务区是各种不同活动和服务的组合。在商务区的整个生命周期内的运行阶段，各种活动和服务，包括住宿、教育、医疗保健、休闲、安全等会影响各相关方。而这些活动和服务对经济、环境和社会的影响应予以考虑。

3. 可持续性商务区的规划

可持续性商务区的规划步骤包括明确发展愿景、确定商务区边界、制定发展目标、制定可持续性商务区战略、资源计划、组织、管理等环节，各环节的内容如下：

愿景和价值观。商务区管理部门负责商务区的发展和管理，首要工作是明确商务区的愿景和价值观。这将有助于帮助帮助各相关方了解商务区的宗旨，及其开展商务活动的前景和核心价值。

商务区边界。做商务区规划时应明确其边界，IWA9 所指的"商务区"是商务区管理部门拥有控制权和影响力的一定区域及区域相关活动和服务，包括商务区内所有建筑，如办公、居住、商业、教育、文化、娱乐和其他位于商务区的各类建筑；商务区的各类支持和维护服务；各类基础设施，如道路、公交车站和设施、隧道和地下设施网络、停车场、货物转移和存放区、绿化区等各类土木工程。IWA9 提出，商务区应满足以下条件：一是办公楼面积占建筑面积 50%以上；二是办公用地占土地面积 50%以上；商务雇员人数超过其他人员（包括居民、游客等）数量[①]。

目标。商务区管理部门应努力完成如下目标：确保提供安全、舒适、有竞争力的工作和生活环境；以促进商务区可持续发展作为一个全面的和具有成本效益的政策和发展目标；证明可持续发展不仅是可实现的，各相关方也将通过可持续发展获得经济、社会、环境方面的丰厚回报；创新可持续发展方法，并在其他建筑环境使用。

可持续性商务区战略。商务区管理部门应与有关各方建立联络关系，制定可持续发展战略。制定可持续发展战略应注意以下几点：一是确定环境、社会、经济的关键因素和影响；二是确定经济、环境和社会进步的目标和指标；三是制定和实施有效规划；四是收集其他商务区的可持续性战略方面的信息，建立基准并利用它们持续改进；五是鼓励结合可持续发展的设计原则对建筑环境和基础设施进行规划；六是考虑计划外事件（包括意外和紧急情况）可能造成的影响，制定计划最大限度地减少计划外事件发生的可能性，降低其产生的影响；七是将商务区作为一个整体在可持续发展战略中体现。商务区管理部门应确保相关资源（包括财务、人力、技术和业务资源）以制定、实施、监测和提高商务区可持续发展战略。

治理。通过高效治理有助于调动各相关方参与战略、决策、实施监管的积极性，提高组织和制度安排的合理性，提高成本效益。商务区管理部门应鼓励各相关方在商务区整个生命周期里积极参与各阶段的决策。

先期审查。商务区寻求制定和实施可持续发展战略应与其可持续性战略保持一致，应审查商务区的状态，包括明确经济、环境和社会方面与商务区运作或异常情况（包括极端天气情况、紧急情况或事故）相关；明确适用于商务区的法律和其他类型规范；检查商务区的经济、环境和社会发展的程序和做法，如与采购和合同等相关的活动；前期经济情况和事故评估；明确与商务区管理的相关各方的角色和地点。审查的工具和方法包括列表、访谈、直接检查和测量，取决于审查对象的性质。

4. 商务区可持续发展战略的实施与监控

商务区实施可持续发展战略包括以下步骤：制定可持续发展政策、制定可持续性

① 为避免重复计算，若在商务区内居住的商务人员仅计为商务雇员。

规划、实施可持续性战略、监测和评估可持续发展绩效。

（1）制定可持续发展政策

商务区管理部门应与其他利益相关方制定、实施并维护与可持续发展相关的政策。可持续发展政策应明确商务区要达到的可持续发展承诺，包括商务区内各类活动和服务。商务区可持续发展政策不仅要确定政策的范围和界限，还应明确商务区经济、环境、社会方面的内容和相关问题，并考虑到商务区提供的涉及经济、环境、社会方面的服务和活动。商务区可持续发展政策应包括以下承诺：促进持续改进；确保实现目标的信息和必要资源的可用性；尽可能优先考虑居住在商业区内或附近社区的人就业；通过采购当地的服务和产品，防止其不利于商务区战略；遵守与商务区可持续发展政策相关的地方法规、合同和其他要求；提供设定并评估目标的框架；定期审查和更新；所有相关方都能获取。

（2）制定可持续性规划

制定可持续性规划，首先可持续管理委员会（代表商务区管理部门）对商务区进行初始评估。商务区可持续管理委员会（成员来自各利益相关方）应制定商务区可持续经营和维护的标准；制定与商务区可持续发展战略一致的可持续供应链管理指南；定期评估商务区可持续发展状况，如有必要采取应对措施；确保信息透明并符合相关政策。

可持续管理委员会应采取 PDCA（计划—实施—检查—行动）方法，其中，计划是指按照商务区可持续发展政策建立发展目标；实施是指实施过程；检查是指依据可持续发展政策监测目标，并报告结果；行动是指采取措施持续提高可持续发展绩效。

可持续发展管理委员会应明确经济、环境、社会的各个方面，这些方面可能与下列的一个或几个指标（按照首字母顺序）相关。这些指标包括获取服务、可获取性、自然和文化遗产、排放至空气土壤和水的物质、能源及能源利用效率、废弃物的产生和处理、公共安全水平、增加就业机会、室内条件、资金和其他资源流动、土地使用、生态系统服务、危险品使用、自然资源使用、社会福利和舒适度水平等。可持续发展管理委员会在制定、实施、维护和改进商务区可持续性战略时，应评估这些方面的影响及其可能造成的重大风险。

可持续发展管理委员会应明确商务区应遵守的法规和其他要求，分析其如何应用于商务区经济、环境、社会方面，并上报给商务区管理部门。商务区管理部门应确保上述提到的要求在制定、实施、维护其客场修行战略时已充分考虑。

商务区应制定发展目标，以落实其对可持续发展的承诺，实现可持续发展政策包含的其他组织目标。制定和审查目标及其实现目标相关计划的过程是商务区保持和提高其相关领域绩效的系统过程。管理和运营绩效都能通过设置目标来解决。可衡量的绩效指标可用于目标实现和持续改进过程的跟踪。指标应客观，可验证，可重复，适合于商务区活动、产品和服务，并与商务区可持续发展战略一致。信息的质量和可获得性取决于生命周期的各阶段所关注的问题。指标可单独或一起使用，但经验表明后者更有效。

(3) 实施可持续战略

可持续发展管理委员会应按照商务区可持续发展政策及商务区设定的可持续发展目标和相关指标监测商务区经济、社会和环境方面的进展。实施商务区可持续发展战略，可持续发展管理委员会应制定相关政策保留记录、开展内部审计。

(4) 监测和评估可持续发展绩效

可持续发展管理委员会应定期监测和评价商务区可持续发展的绩效，确保其与可持续发展政策和目标一致。评价报告和评价结果应公开。可持续发展管理委员会应按计划定期评审其可持续发展管理战略，利用评审结果持续改进战略、政策和目标，进而确保其有效性。可持续发展管理委员会应保留评审结果以备将来使用。

(三) IWA 9 的主要特点

商务区是城市经济发展的重要区域，备受世界各国重视。IWA 9 按照可持续发展原则和方法提出了一整套商务区可持续发展战略及实施框架。

1. IWA 提出按照 PDCA 方法实施可持续发展战略

PDCA 方法是管理学中的一个通用模型，是一种具体管理手段和一套科学的工作程序。IWA 9 中 PDCA 方法的应用如图 27 所示。

PDCA 方法对提高商务区可持续发展管理的效率有很大的益处，有助于商务区内经济、环境、社会的协调发展，实现其可持续发展目标。

2. IWA 提出了商务区经济、环境和社会的目标建议

IWA 9 从经济、环境和社会层面提出了商务区可持续发展的目标。

经济方面。商务区应创建并维护高品质的建筑环境，采取生物气候建筑设计(优化建筑设置，采取自然光热优势，降低冷却需求)，建筑和基础设施采取生态设计(降低能耗，减少碳足迹)，提供舒适的工作、生活环境，降低风险、提高健康和安全水平，优化成本效益，确保融资等。

环境方面。在能源方面，商务区应控制其能源消耗总量、住宅建筑能源消耗量、办公建筑能源消耗量和基础设施能源消耗量，增加电力和热力集中供应。在水资源方面，商务区应保护水的供应，并降低饮用水消耗量；优化雨水管理，减少洪水风险，优化城市雨水利用系统；优化废水管理。固体废弃物方面，商务区应限制建筑垃圾，限制土壤污染，减少废弃物总量，增加有机废弃物的利用，促进废弃物循环利用，降低废

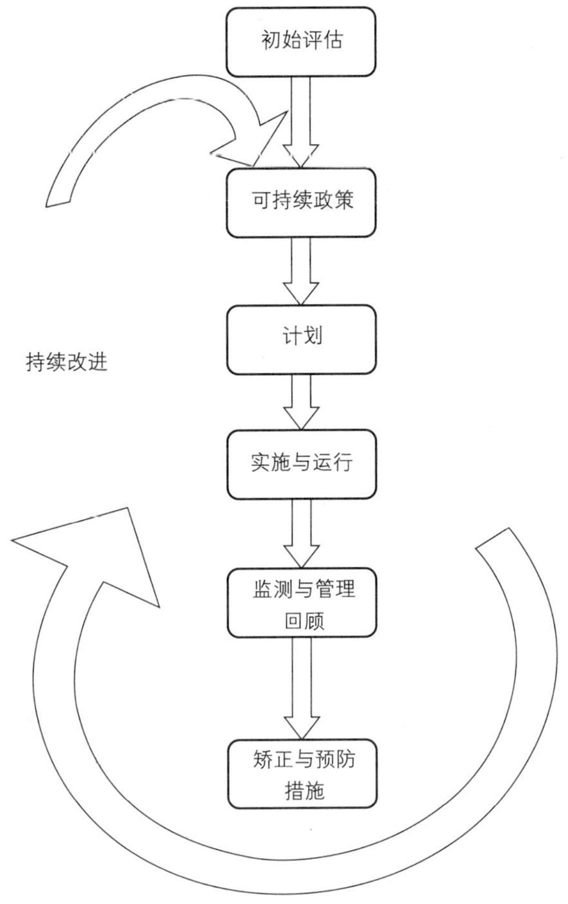

图 27 IWA9 的 PDCA 方法图

弃物收集造成的污染。在交通方面，商务区应尽量减少出行需求，提高公共交通的使用，减少私家车使用，促进使用环境友好型燃料汽车。在生物多样性方面，商务区应保护现有物种，保护和恢复生物多样性和绿地，降低风险并提高商务区的健康和安全水平等。

社会方面。商务区应鼓励社会包容，增加社会各阶层融合，在商务区生命周期内的所有阶段使用创新的思维和方法，推进相关方参与，确保可持续发展目标实现，评估可持续管理的绩效等。

IWA 9 建议各商务区结合自身可持续发展情况，提出发展计划和响应的指标，以监测和评估商务区可持续发展状况。

（四）小结

IWA 9 是 ISO 发布的第一项涉及城市可持续发展的国际工作组协议。IWA 9 不仅可用于不同类型的商务区管理工作，其提出的可持续发展管理程序和方法还可在工业园区、居民区、学校校区、医院院区等不同区域应用。目前，法国 AFNOR 还在开展工业园区可持续发展标准化的研究工作。目前，我国商务区、工业园区建设发展迅速，急需相应的可持续发展管理、评价标准。根据第四章提出的我国城市可持续发展标准体系，建议尽快制定包括商务区、工业园区等在内的城市下属各类区域的可持续发展管理和评价标准。

第三章 国际、国外城市可持续发展及标准化实践

一、OECD 国家城市可持续发展分析

经合组织(OECD)是由 34 个市场经济国家组成的政府间国际经济组织,其成员的城镇化水平较高,其城市可持续发展面临的问题和对策可分为以下几个方面[61]。

(一) 经济

经济方面,近年来 OECD 国家重点围绕提高城市竞争力和建设可持续的城市财政开展工作。

促进城市的竞争力和创新方面,OECD 涉及到三个核心政策的整合。一是资金存量方面,主要是指城市的基础设施的投资水平,从 OECD 的城市角度看,基础设施的概念多表示交通方面的基础设施,而对于欠发达国家城市更多表示为满足基本需要的基础设施。根据 OECD 的评估,建设或升级交通基础设施会对本地的经济发展产生积极影响,但不会自动出现经济增长。二是劳动力方面,OECD 国家的一些城市面临严重的劳动力短缺,目前 OECD 城市除了探索劳动力开发服务外,普遍采取提高劳动力参与水平(特别是妇女和参与水平低的群体)和国际招聘的措施。三是商业环境方面,OECD 国家城市普遍采用集群政策、促进研究和工业之间联系的政策、促进创新政策等优化城市商业环境。加拿大、瑞典、韩国、日本等 OECD 国家的主要城市均制定了产业集群政策,重点提高城市创新能力。

除此之外,OECD 国家十分重视在培育主要城市创新能力的同时,确保其他城市的活力。OECD 国家主要采取以下三种途径解决这一问题:一是用多个次中心城市平衡一个主导中心城市。即一个国家明显存在一个占主导地位的大都市地区,OECD 国家基本都会规划一些辅助的城市地区,在远离中心城市的部分地区发挥积极作用。二

是推动主要增长中心城市积极影响更广阔的区域，使得更多地方获益。三是制定辅助增长点的政策，使其扩展到以前的贫困地区。

建设可持续的城市财政方面，OECD 国家城市普遍结合城市发展实际，创新城市资金提供机制，为城市居民提供交通、废弃物管理、消防、教育、社会服务等服务；OECD 国家城市通过征收价值捕获税和税收增量融资的方式为城市基础设施建设融资，并通过对垃圾收集、运输和处理收费，以促使城市居民更有效地利用资源，控制环境的恶化；OECD 国家城市在不同程度上涉足资本市场，特别是大型城市，这些城市均制定政策规范地方借贷。

为推动城市经济发展，OECD 强调城市的绿色增长，并提出了绿色增长评价模型[62]和绿色城市方案，如图 28 所示。

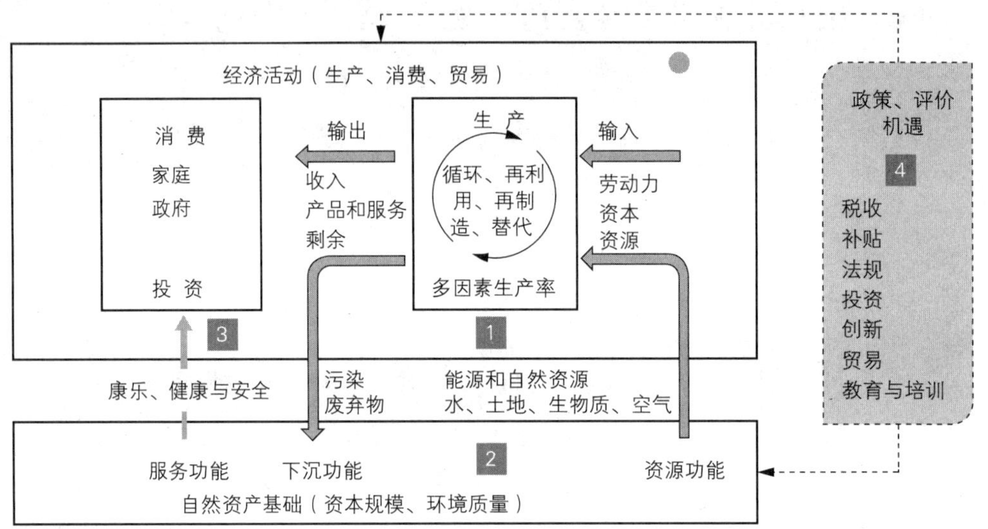

图 28 OECD 绿色增长评价模型

（二）社会

社会凝聚力与城市竞争力之间相互影响。OECD 国家的主要城市均体现出经济的普遍增长不仅取决于经济的相互依赖，还取决于城市社会的凝聚力。因此，OECD 国家城市普遍采用提供经济适用房、整合劳动力市场和推动一体化发展项目的措施提高城市的社会凝聚力。

提供经济适用房方面，在多数 OECD 国家政府并不直接供应住房，而是由私营部门提供大部分住房。为了满足贫困人口住房需求，OECD 国家城市普遍采用以下措施：一是确保私营部门提供经济适用房的措施。如法国的《国家团结与城市更新法》中规定超过 3500 名居民的城市及超过 50000 名居民的城市群必须有 20％的住房作为社会住房。二是部分 OECD 国家通过向非营利组织（NGO）提供资金和住房财政补贴的形式，鼓励 NGO 向贫困人口提供住房。三是部分 OECD 国家采取预留经济适用房开发的土地政策。如爱尔兰 2000 年制定的《爱尔兰规划和开发法案》中要求，地方政府可将辖区内的用于住宅开发土地的 20％来确保满足不同收入水平家庭的住房需求。四是 OECD 国家利用财政激励措施来促进出租房的供应。如挪威制定了向特定群体（学生、青年、无子女夫妇和贫困人口）提供优惠贷款或税收减免的政策，以增强特定群体承担租房的能力。

劳动力市场方面，由于城镇化进程的深入，OECD 国家城市发展均面临着劳动力短缺的问题，而同时大量外来人口涌入城市使得城市基本公共服务不足成为普遍现象。而外来人口在城市中的劳动力市场上往往表现较差，OECD 国家普遍推动各类专业协会参与，促进外来人口（特别是移民）的融入。此外，OECD 国家的城市利用外来人口的创业精神，为外来人口提供包括信息咨询、培训、调解、金融等相关服务，鼓励其创业。

一体化发展方面，部分 OECD 国家制定推动地区内部包括住房政策在内的相关政策的协调，以克服各地区间的不良竞争，增强各地区的社会凝聚力，确保每个地区实现公平的社会分配。OECD 国家城市还十分重视城市内贫富差距问题，通过吸引住宅区内缺乏的家庭类别（如将富裕家庭引入低收入地区）和将同一类型地区（如低收入地区）迁往混合地区或缺少此类家庭的地区（如中高收入地区）的方式加以解决。此外，OECD 国家城市还十分重视工作与住房之间的平衡问题，通过确保交通更多地参与本地的社会、经济活动。

（三）环境

OECD 十分关注环境对人的影响，2012 年经合组织发布《经合组织 2050 年环境展望：不作为的后果》报告，指出随着全球环境风险加剧，由于环境（特别是空气污染）引起的全球早逝人数大幅度增加，如图 29 所示。

城市的发展方式对气候变化和环境破坏由密切联系，环境问题也主要体现在城市地区。OECD 国家普遍制定土地使用、交通运输、自然资源和环境管理、建筑、垃圾处理、供水等相关政策，以保护环境。

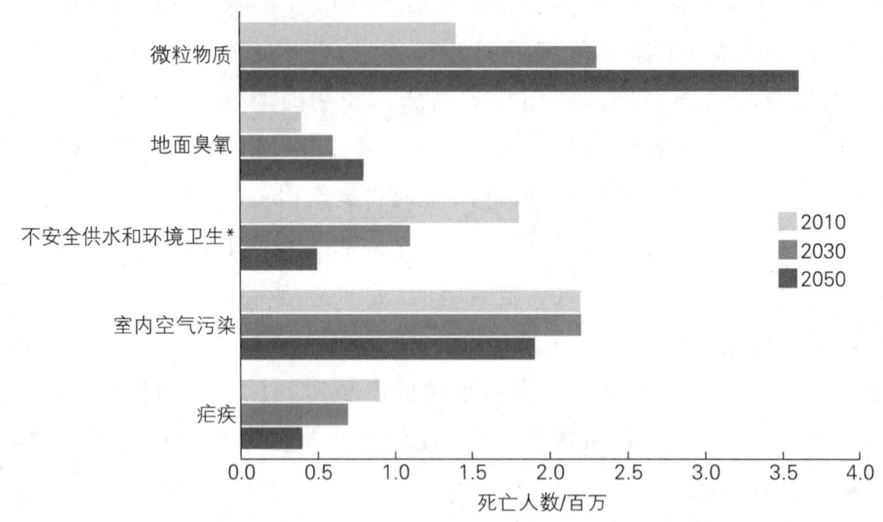

图 29　由于环境风险引起的全球早逝人数变化[63]

注：* 仅为儿童死亡人数

土地使用方面，城市的土地使用基本可分为住宅、商业、工业、绿地、混合用地等，而土地使用对气候变化产生广泛、长远的影响。OECD 国家的很多城市都制定了以交通为导向的土地使用政策，以促使人们更多地使用公共交通。还有很多城市创建了“可持续小区”和“生态小区”，将交通、自然资源保护、建筑、垃圾和水资源利用等结合起来，应对气候变化，减少城市生态足迹。

交通运输方面，OECD 国家的很多城市将实现城市气候目标工作的重点放在了交通运输业，制定了包括提高公共交通使用效率，减少私家车使用，支持非机动车方式出行，提高机动车燃油效率，增加可再生能源、电力的使用等。

自然资源和环境管理方面，OECD 国家城市将城市的自然环境管理纳入气候规划中，增加城市绿地和景观能减少城市总体温室气体排放、降低城市热岛效应。如纽约的 PlaNYC 规划提出的目标之一就是在 2030 年前再栽种 100 万棵树，把所有可用来栽树的空间都种上树；东京制定了绿化项目政策，在街道两旁和屋顶进行绿化。

建筑方面，OECD 国家中，建筑物产生的能源需求占城市能源消耗的很大一部分。因此，OECD 国家和城市通过设计、布局和改造节能装置来提高建筑能效，提高当地可再生能源的使用，要求和鼓励建造“绿色屋顶”来降低城市热岛效应，提高建筑节能标准，支持建筑节能改造或安装节能技术等措施降低城市建筑温室气体排放。

垃圾处理方面，OECD 国家的很多城市通过再循环、堆肥等方式进行垃圾处理。如旧金山市通过再循环和食物堆肥减少了 70% 的生活垃圾，苏黎世限制城市居民的生活垃圾量，超过规定量就必须交纳额外费用。OECD 国家的部分城市通过提高焚化炉的净能效、提取垃圾填埋场的甲烷作能源等方式提高垃圾的再利用水平。

供水方面，由于供水不仅消耗能源，还受到气候变化的影响。OECD国家城市的经验表明通过价格管理供水的成本效益高于非价格型供水方案，且在供水监控方面具有优势。

（四）城市治理

城市治理是维持城市增长、实施政策措施和战略的关键问题。OECD国家城市治理方面面临着多数城市地区存在制度的不连贯性，中等城市之间需要城际协调创新，地方政府在财政、法律和制度上能力缺乏，城市的发展战略和服务提供需要城市间协调等问题。为了做到有效的城市治理，OECD国家普遍采用做好城市内的协调，让公民参与到城市治理中去，不断增强地方政府的能力，将私营部门融入公共服务的供给，建立有效的多级治理制度等方式。

为了衡量城市可持续发展对城市居民的影响，OECD于2010年提出了“更好的生活指数”，以衡量城市可持续发展和城市管理的绩效[64]。“更好的生活指标体系”围绕居民生活的住房、收入、工作、社区、教育、环境、治理、健康、生活满意度、安全、工作生活平衡度等11个方面选取了20个指标，用以衡量人们的生活品质和生活物质条件，按照可持续发展理念体现了经济、社会、人文和环境等方面[65]，如图30所示。

图30 OECD更好地生活指数

二、APEC 地区城市可持续发展分析

1989 年 11 月 5 日至 7 日，澳大利亚堪培拉举行的首届“亚洲太平洋经济合作部长级会议”标志着亚太经济合作会议的成立。1993 年 6 月改名为亚太经济合作组织(APEC)。目前，APEC 的 21 个成员，占世界人口的 40%，世界 GDP 的 56%，世界贸易额总量的 48%，全球特大城市有超过半数坐落于 APEC 地区，如图 31 所示。亚太地区的城市产出占 GDP 总量的 70%以上，APEC 各成员国认识到城市经济的重要作用，在 2014 年北京召开 APEC 高官会中，各成员国一致同意努力就战略性城市规划达成一致方针，以创建可持续发展城市。

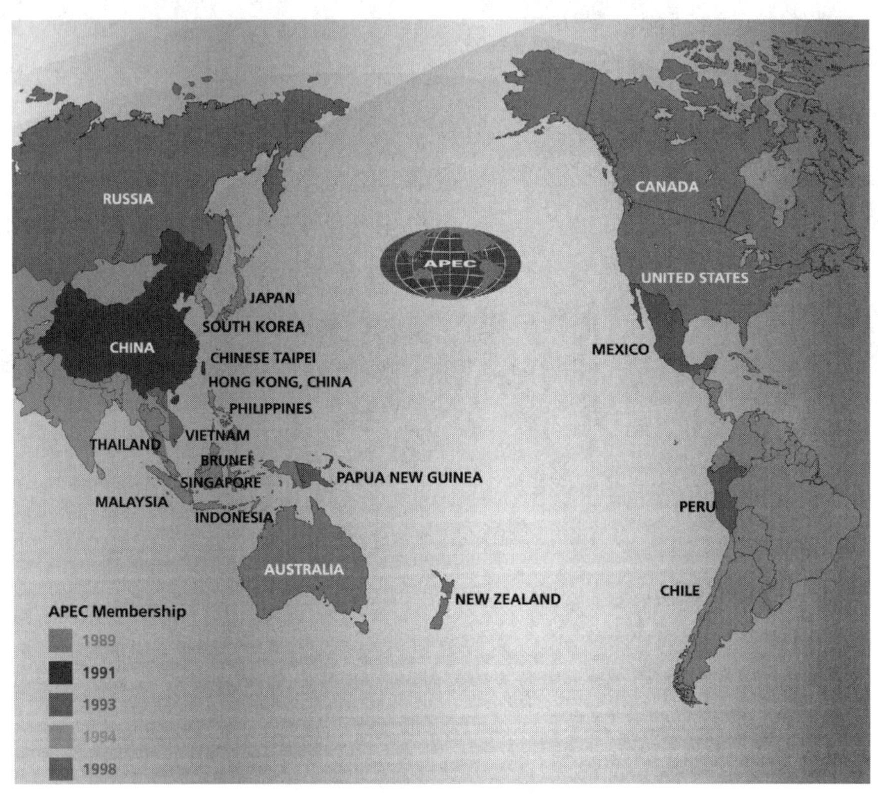

图 31　APEC 成员[①]

① 图片来自 APEC 秘书处，2014。

（一）APEC 地区城市可持续发展面临的挑战

截至 2013 年，APEC 地区的城市人口占总人口的 60%，预计到 2050 年增加至 24 亿，占该地区总人口的 77%。城市人口增加较多的经济体包括中国 2.7 亿人，印度尼西亚 0.92 亿人，菲律宾 0.56 亿人[66]；但美国、加拿大等发达国家城市人口增长缓慢，甚至日本城市人口还会出现一定的下降，如表 13 所示。APEC 地区的快速城镇化使得 APEC 地区城市面临着经济、社会、环境、城市治理等诸多挑战。创新和生产力提高(工作)是 APEC 地区城市可持续发展相互依存的重要因素。而创新越来越依赖于经济、社会、环境，并受到消费、生产、保护、治理、资源补给、金融系统等的驱动。

表 13 2000—2050 年 APEC 经济体城市人口变化情况及预测[67]

APEC 经济体	2000	2005	2010	2015	2020	2025	2030	2035	2040	2045	2050
澳大利亚	16.8	18.1	19.9	21.4	22.9	24.4	25.8	27.2	28.6	30.0	31.3
文莱	0.2	0.3	0.3	0.3	0.4	0.4	0.4	0.4	0.4	0.4	0.5
加拿大	24.4	25.8	27.6	29.4	31.1	32.8	34.3	35.7	37.1	38.3	39.6
智利	13.3	14.3	15.2	16.0	16.8	17.5	18.1	18.6	19.0	19.2	19.4
中国	459.4	560.5	669.4	779.5	874.4	947.5	998.9	1,030.0	1,044.4	1,050.8	1,049.9
中国香港	6.8	6.9	7.0	7.3	7.5	7.7	7.9	8.0	8.0	8.0	8.0
印度尼西亚	87.8	103.1	120.2	137.4	154.2	170.1	184.9	198.0	209.2	219.1	227.8
日本	98.9	109.2	115.3	118.6	119.4	118.7	116.9	114.4	111.5	108.6	105.8
韩国	36.6	38.3	39.7	41.0	42.2	43.2	44.1	44.7	45.0	45.0	44.7
马来西亚	14.5	17.2	20.1	22.9	25.5	28.0	30.2	32.0	33.5	34.9	36.2
墨西哥	77.6	84.5	91.7	99.2	106.3	113.0	119.0	124.2	128.6	132.1	134.8
新西兰	3.3	3.6	3.8	4.0	4.2	4.4	4.5	4.7	4.9	5.0	5.2
巴布亚新几内亚	0.7	0.8	0.9	1.0	1.1	1.3	1.5	1.8	2.1	2.5	3.0
秘鲁	19.0	20.8	22.5	24.5	26.5	28.4	30.1	31.7	33.1	34.4	35.4
菲律宾	37.2	40.0	42.3	45.2	48.9	53.5	59.2	65.9	73.3	80.8	88.4
俄罗斯	107.7	105.7	105.8	105.2	104.4	103.2	101.9	100.9	100.0	99.1	98.0
新加坡	3.9	4.5	5.1	5.6	6.1	6.3	6.6	6.8	6.9	7.0	7.1
中国台北	15.3	16.4	17.3	18.0	18.6	19.0	19.2	19.3	19.1	18.8	18.3
泰国	19.6	24.6	29.3	34.0	37.9	41.0	43.1	44.3	44.7	44.7	44.3
美国	225.0	238.3	252.2	265.4	278.8	292.2	305.4	317.7	329.0	339.8	350.3
越南	19.7	23.2	27.1	31.4	35.7	39.9	43.7	47.2	50.4	53.3	55.7
城市人口合计	1,287.7	1,456.0	1,632.6	1,807.2	1,962.9	2,092.6	2,196.0	2,273.6	2,328.9	2,372.0	2,403.8

1．经济

对城市而言，为了持续吸引投资和发展，就必须提供机会。城市必须制定和实施相关政策提高劳动生产率，使得贸易、土地、劳动力和资本市场更具效率。传统的做法是提供必要的基础设施和服务，如供水与卫生、通信与交通、固体废弃物管理等。这对APEC新兴经济体获得比较优势十分重要，但如果想要城市变得更具竞争力和可持续性还远远不够。

APEC经济体及其城市在经济上面临的首要挑战是创造就业机会。面对投资和发展资金的竞争越发激烈、国内需求增加、移民素质较低等问题，创造并保持就业岗位十分困难。对大多数城市，就业增长意味着需要将人民迁移到城市。到2020年，APEC经济体的城市人口主要依靠移民。2015—2025年，APEC经济体的城市人口将增加2.85亿人，而这需要1.6～1.8亿个工作岗位，其中75%来自APEC新兴经济体。

就业岗位需求最大的是菲律宾和泰国，而日本由于人口老龄化和人口下降就业岗位需求将下降。在APEC的新兴经济体中，非正规部门贡献了25%～40%的GDP[68]，但其对就业贡献较少。这些非正规部门很少提供创新的基础，而提高城市竞争力需要具有全球竞争力的企业。因此，就业政策必须考虑如何推动非正规就业向可持续就业转变，通过税收优惠激励建立公众创新基地。

随着APEC经济体向复杂制造业、服务业和以知识为基础的产业转变，提高生产率越来越依赖于人才的培养和吸引、人力资源的丰富程度。因此，经济发展的中心向增加教育和健康资源、研究和发展机会、生活品质和社会包容性转变。城市竞争力和可持续发展向提高资源管理、物流和过程的效率转变。城市政府的角色也发生了变化，从提供基础设施建设和基本服务，向提供竞争环境，增加投资、生产和就业转变。

APEC经济体的城市面临的一个显著挑战是发展中经济体与发达经济体在发展速度上的差异。《经济学人》的研究表明，发展中经济体（中国除外的所有APEC发展中经济体）的收入增速与发达国家相比不再具有优势[69]。该研究对APEC发展中经济体意义在于仅仅依赖于外生增长的政策永远服务减少贫困和富裕经济体之间的差距。如果城市不能创造就业机会，其经济增长模式是有缺陷的，需要一个新的增长模式。贸易是城市经济发展的重要组成部分。

有迹象表明，技术上的差异导致发展中经济体很难追赶发达经济体。贫困经济体变富裕的一个标准途径是低技能、劳动密集型制造业。但在21世纪的数字经济时代，基础制造已经变得不那么重要了。这就对APEC的发展中经济体提出了挑战，如何在未来创造就业岗位？城市应选择什么样的经济发展和就业模式？目前，城市间争夺竞争优势的直接结果是追求效率，导致社会成本、工资不断提高，生产和消费的环境呈不断增加趋势,阻碍了城市的可持续发展。现阶段,城市可持续发展需要协同发展,需要鼓励企业、政府和相关机构降低外部成本进行协作。自由贸易协调为经济体之间的开放提供基础。

2. 环境

与城镇化和工业化相关的悖论是,随着生活水平的提高,而环境质量不断下降[70]。经济发展优先的政策导致空气和水的污染严重,二氧化碳排放增加,土地退化[71]。中国的空气和水污染的成本占 GDP 的 5.8%,城市是环境污染的主要来源。

环境问题的改善需要政策、技术和资金,但对小城市,特别是经济增长缓慢和人口增长加快的地区,十分困难。据世界银行估计,超过 80%的能源消耗在城市,而温室气体的 80%也由城市排放[72]。气候变化的潜在影响包括极端天气事件增加、海平面上升、风暴和洪水增加、气温升高,以及公共健康问题。由于 APEC 地区的城市大多位于海平面以下或河流冲积平原上,更易受到气候变化的影响。一个城市能够影响气候变化,如通过制定规划和相关政策、法规,以提高交通、城市密度、建筑设计和材料应用等方面的能源利用效率,减少温室气体排放。由于城区扩张和土地使用改变,APEC 发展中经济体的城市很少进行规划和管理,长期的潜在地应对气候变化的成本不断增加。马尼拉、雅加达和曼谷是 APEC 地区最易受气候变化影响的城市。气候变化对 APEC 地区大城市的产生很多难以评估的直接影响,如水和食品安全。农业是受气候变化影响最敏感的产业,这将影响该地区部分城市的粮食安全。APEC 地区的许多城市都可能受到干旱的影响,如悉尼、利马和洛杉矶。这些干旱型城市需要改善水资源管理、技术和供水安全。其他诸如深林火灾和海啸等自然灾害也对 APEC 的部分地区造成严重破坏。澳大利亚和北美的森林火灾的风险增加;近年来 APEC 地区发生亚齐、福岛、康塞普西翁三次灾难性灾害,而圣地亚哥、马尼拉、利马、雅加达、洛杉矶、旧金山也处于地质断层上,属于高风险城市。太平洋沿岸城市非常容易发生地质灾害,到目前还缺乏对地质灾害的管理。

3. 社会

城镇化不仅仅是技术和经济上的进步,还包括社会的转变。向城市迁移是地区经济差异的产物,个人或家庭通过城市劳动力市场获得更好的职位,更稳定的工资(即便是在非正规部门),更多的受教育机会,更好的医疗、供水和娱乐条件。这通常体现在城市较高的预期寿命和较低的婴儿死亡率。即便是城市贫困人口也比农村人口的风险要小。

个人或家庭需要做出巨大努力,包括移民,适应新的劳动力市场需求,获得住房,语言,适应新的文化、宗教习俗和社会文化等。由于 APEC 地区存在收入、生活水平和社会经济条件上的差异,对向城市迁移的人或家庭而言,其福利水平有所提高[73]。

在 APEC 地区的城市,破坏城市社会可持续性的一个重要因素是任人唯亲和腐败,这将加大不平等的程度,破坏社会的流动性和凝聚力。不断上升的犯罪率和社会混乱也对人类安全构成威胁。采取措施为妇女和青少年提供安全和机会,使他们积极参与。

APEC 地区的城市普遍面临两个方面的问题:

一是包容性发展。包容性是关于推动本地区在城市和区域发展过程中拥有更大话语权和公平性的问题。这对发达经济体在做当地经济发展和增长的决策时越来越重要。APEC 的新兴经济体必须走包容性的增长轨迹,以避免社会不平等造成的负面影响。这意味着,新兴经济体城市人均 GDP 增长结果是贫困率显著降低。但在许多 APEC 经济体中,贫困率依旧很高,特别是新兴经济体城市,即便是发达经济体城市的贫困率也在9%~15%之间[74]。

二是收入不平等。根据亚洲开发银行的研究,APEC 地区城市的收入不平等在加剧[75]。但收入差距变得过高时,社会凝聚力就会下降,导致犯罪率增加,穷人和富人相互排斥。当种族问题出现时,低收入人群和封闭式社区就会增加。在中国,过去 30 年的不公平性一直在增加,中国的基尼系数从 1997 年的 0.3706 增加到 2013 年的 0.473,2003 年以来均超过国际警戒线[76]。APEC 经济体普遍做法是固定工资或定期提高最低基本工资的政策,虽然这些政策有助于城市贫困居民的总体比例下降,但城市贫困人口绝对数量并未下降[77]。APEC 地区的中央和地方政府需要重视低收入群体和弱势群体的收入差距,这对保持城市清洁、提供居住服务、城市交通系统十分重要。只有收入差距降低,并使城市居民都能有一个体面生活的工资,APEC 地区城市才能实现可持续、高效、健康、高生产率和宜居。平等获得就业机会和收入平等是 APEC 地区城市可持续发展的保障。

4. 城市治理

城市治理是指个人和组织、公共部门和私营部门,通过各种方式规划和管理城市的共同事务。这是一个持续的、合作运行的过程,也许会出现冲突或不同利益方不被接纳的情况。城市治理包括正式制度、非正式的安排和公民的社会资本[78]。

大多数 APEC 经济体大都市治理面临的挑战包括:在城市规划、服务提供和经济发展合作方面缺乏整体布局和相关规划、政策的相互重叠,导致土地、人口等信息沟通不足;传统社会文化价值观与城市规划发展不协调等问题[79]。城市管理系统在纵向(不同级别政府之间)和横向(地方政府和共用事业机构之间)整合都不太成功,主要体现在重叠、冲突和缺乏明确的职能划分。试图通过城市政府机构和其他非正式城市机构来提高大都市区的治理已经证明很难实现其目标,在利马、墨西哥城、雅加达、曼谷、马尼拉和悉尼等城市已经得到证实。大都市区治理的失败导致政府机构之间职能交叉重复、效率低下。城市治理在 2008—2009 年全球金融危机的影响下变得更加困难。市场需求和市场性质不断发生变化、提高生活水平和竞争力的需求增加、社会和环境风险加大等影响了城市居民的健康和福利。在此背景下，新的城市管理系统应运而生，需要更多的公众参与，以及商业、社会各界和政府的广泛协商进行决策。城市治理的新方法需要建立更灵活和更具责任的管理体系，重点是建立协同管理和城市之间的合作性竞争关系。

（二）APEC地区推进城市可持续发展的管理经验和措施

由于APEC是一个经济合作官方论坛，其对推进城市可持续发展的管理经验主要集中在经济发展和城市治理方面。

1. 经济可持续发展

投资的三个主要决定因素是基础设施、劳动力和政府与企业运作的成本，而城市是确定这些费用的关键。如人力资本（生产率、劳动力成本）的相对成本由教育的质量决定的，而教育则由国家或地方政府提供。国内（包括国家、地方）应帮助城市改善投资环境，并使其具有足够的灵活性，以确保当地的利益相关方参与制定适当的产业结构、自然资本和文化等。

投资环境方面，新兴经济体的案例研究表明：降低外部成本，确保基础设施、劳动力的投资，以及制定针对商业的适当要求等措施有助于改善投资环境。在圣地亚哥，政府大力支持建立主要商务中心，帮助企业吸引投资者。在珠三角，政府提供具有吸引力的就业和新的服务产业。而在发达国家，常见的做法是刺激产业集群、企业网络的发展，简化业务管理和税收等相关手续，促进研发以支持先进技术、工业和服务业。但腐败问题，以及不良的土地管理和城市治理，集成的审批制度等是阻碍外国直接投资的主要因素。

创新和商业支持方面，相关机构支持本地集群及其供应链的能力（包括研发的资金支持）对提高城市竞争力十分重要。许多研发机构是由上级政府支持的，企业获得其支持的能力受到城市政策的影响。对创新的支持应涵盖产品开发周期的所有阶段，对创新的金融服务应更加灵活。关键是改善城市商业和投资环境，维护和保持商业和投资的法律、法规和行政规定。如新加坡、布里斯班和温哥华等城市通过出台一系列政策措施，通过降低商业和政府交易成本，提高城市竞争力。国家和地方政府应帮助城市优化创新框架和支持商业活动，并努力确保金融机构积极参与城市创新。

基础设施方面，城市规划、管理系统和执行能力决定了基础设施成效（支持本地产业集群的物流基础设施，包括教育、健康等在内的社会基础设施）。对物流基础设施（如水、天然气和交通等）投资是提高城市运行效率的必要手段。污水处理设施，以及空气和水质量检测系统是确保公民生活品质及其生产率的关键。社会基础设施（如中小学校、高等院校的教育设施，医疗设施，以及灾害管理系统等“软系统”)对生产率也至关重要。国家和地方政府应制定激励政策，以促进城市基础设施项目在融资和有效实施等方面的创新。

2. 社会和环境可持续发展

在社会可持续发展方面，城市的重点应放在维护社会的安全和包容性，并保护文化遗产。其成效决定了城市对研究人员和企业的吸引力。同样，环境的质量和城市的宜居性，以及政府对自然资源的保护和促进保持高品质环境服务的责任，同样决定了对全球范围内的研究人员和企业的吸引力。良好社会和环境管理的案例集中在发达国家，如澳大利亚和加拿大通过执行环保标准，确保居民获取信息和社会公平；而美国通过对房屋清洁能源(PACE)计划等投资，改善环境。国家应针对城市制定完善的社会和环境政策，帮助地方政府和城市制定必要的法规，提高其政策和法规的执行能力。

3. 城市治理

现代城市治理需要有效的多层管理系统，以反映城市地区各个层次的治理需求。从经济的角度看，各级政府间需要建立良好财政关系，以确保涉及资金问题的有效处理。从环境保护角度看，环境保护的法律法规要不断完善，执法要到位。从社会角度看，治理必须要有包容性，特别是社会保障措施。

最近几年，APEC 成员经济体不断改善城市治理，主要包括民主化、权力下放、财政下放、融合等。近年来，印尼和越南的微观经济改革，吸引大量外国投资，提高了本国生产力，其宏观经济表现优于智利、墨西哥和秘鲁。在布里斯班，在城市规划、城镇化发展管理、创新战略等方面采用了新的协同治理模式，成效显著。改善城市治理需要公众参与处理社区事务、环境问题、财政支出等，部分 APEC 经济体通过上述改革建立了问责制，提高了城市治理的透明度。

(三) 推进 APEC 地区城市可持续发展的建议

在过去几十年中，APEC 地区城市可持续发展即取得了令人瞩目的成绩，也面临着经济、社会、环境、城市治理等多方面的挑战。为推动 APEC 地区城市可持续发展，包括 UNDP、ADB 等国际组织在内都对 APEC 地区城市可持续发展提出了建议[80]，这些建议基本可以归纳为三类：

经济可持续性方面。城市具有吸引商贸企业和成为商品中心的能力。城市应通过不断吸引投资、增加就业机会、提升通信系统和交通系统效率，来提高生产率和生活水平。

环境可持续性方面。城市应提高其恢复能力以改善居住环境。城市居住环境的恢复能力取决于住房、水的供给，空气质量，固体废弃物处理，能源效率，气候变化的适应性，以及为城市居民提供卫生健康、生产积极性高、满意程度高的生活等。

社会可持续性方面。城市首要任务是提供安全、平等、包容的社会发展环境。经济增长的机会和利润应公平分享，社会各界都可以参与决策制定，法律公正适用，女性、社会弱势群体，以及不同种族、宗教群体都能被包容。城市因创造机会使不同阶层的个人、群体实现互动，从而增强社会的凝聚力。

三、欧盟城市可持续发展及标准化实践

城市是具有复杂治理结构、负载基础设施网络和复杂空间结构的人口密集区域[81]。欧洲是世界上城镇化水平较高的地区，也是十分重视可持续发展的地区，欧洲城市在较低城市密度基础上实现了较低能源消耗，如图 32 所示。

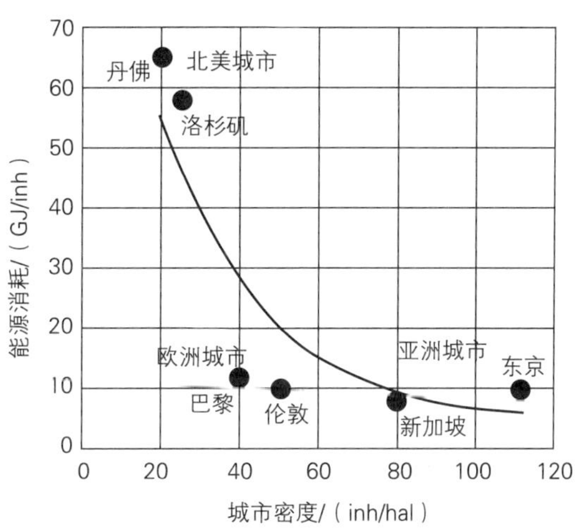

图 32　欧洲、北美、亚洲大型城市对比[82]

近年来欧盟根据其城市可持续发展面临的人口、经济、社会和资源环境问题，出台一系列战略、规划和相应的配套政策，以及配套的技术法规和标准体系，较好地支撑城市可持续发展。

（一）欧盟城市发展面临的主要问题[83]

经过数百年的工业化和近几十年的治理和调整，欧洲已经成为世界上城镇化水平和质量较高的大洲，2011 年欧盟的城镇人口占总人口的比例高达 74%，其成员国中法国 86%，英国 80%，德国 74%，荷兰 83%，丹麦 87%[84]。但欧盟城市可持续发展也面

临着许多问题,正如2007年莱比锡有关城市发展和地域团结的部长级非正式会议中通过的“可持续欧洲城市”之莱比锡宪章中描述的“我们的城市具有独特的文化和建筑特征,能够大力推行社会包容政策,其经济发展具有非同一般的可能性。城市是知识聚集的中心,也是实现发展与创新的源泉。同时,城市却饱受人口问题、社会不公、针对特定人群的社会排斥、缺乏经济实惠的适宜性住房以及环保问题等的困扰。”[85]可见欧洲城市可持续发展仍然在人口、经济、社会、环境等方面面临诸多挑战。

1. 人口下降

二战后初期,大量青年涌入城市,根据欧盟的相关资料显示,在1950年至2009年间,欧洲城市人口的数量增加了90%,但欧洲人口数量仅增加了34%。联合国预计欧洲城市人口在2050年年前仍将保持10%的增长,但欧洲总人口数量预计将在2025年前后开始下降[86]。近年来,由于新生儿出生率一直处于较低水平,欧盟人口持续下降,带来了如人口老龄化、移民等一系列挑战。人口老龄化是欧洲人口发展的总体趋势。2010年,麦肯锡全球研究院的研究显示,意大利劳动力市场中,55—64岁的劳动者占37%[87]。根据欧盟统计局的相关统计,欧盟地区年满60岁以上的老年人口以每年200万的速度不断增加,而年满80岁以上的老年人口将以每25年翻一番的速度急剧增加。2014年开始,欧盟20—60岁之间的劳动者数量开始缩减。由于城市本地出生人口减少,大量外籍人口涌入欧洲城市。根据Urban Audit的分析:大部分欧盟城市中,具有外籍背景且年龄未满20岁的居民数量已经超过20%。进入21世纪以来,英国、爱尔兰和地中海各国接收了大批青年移民。青年移民的增加导致种族问题和社会不安定问题的日益严重。

2. 经济发展和竞争力面临威胁

2008年国际金融危机爆发以来,欧债危机、欧元问题、欧洲经济问题、欧洲一体化问题等一连串问题成为国际社会瞩目的焦点。在当前的国际力量对比中,欧洲处于相对不利的地位。冷战结束以来,以中国和印度为代表的发展中国家整体力量地位提升,成为全球经济2/3增长的贡献者,并大量持有美欧外债。尽管包括欧洲掌握着重要的技术创新能力和知识产权,但确实面临着经济空心化、债台高筑、失业率居高不下、财政和外贸长期巨额赤字等问题。由于在当前世界经济格局变化中处于相对不利地位,欧洲在新一轮国际权力再分配的历史进程中就要同新兴大国分享国际经济体系的主要成果,这一点对欧洲来说打击很大。

3. 社会两极分化不断加重

与其他地区的城市相比,具有完善福利系统的欧盟城市的社会两极分化较少。但部分欧盟城市也出现了许多两极分化和隔离增长的现象,且经济危机进一步放大了这种现象。虽然欧盟城市居民的生活水平随着时间的推移有所提高,但也有迹象表明城市各阶层收入差距不断加大，导致穷人越来越穷。

社会两极分化不仅在于贫穷和富有之间的对比，在文化、社会和种族多样性等方面也存在两极分化问题。欧盟一体化进程的加快推动了人员、商品、资本等流通，也导致意识形态、经济政策和生活方式等的变化。在欧洲的部分城市，居民几乎能感受到诸如居住条件恶劣，教育质量不佳，失业现象严重，获取健康、交通和信息服务困难等不平等问题。以居住条件为例，城市中心的住房成本不断增加，EU-15 的住房成本由可支配收入的 25％增加到 28％以上[88]。社会两极分化导致低收入者或边缘群体很难以可承受的价格找到适当的住房。在罗马尼亚，超过 90 万城市居民的人均居住面积小于 3.5m^2。而随着欧洲劳动力人口的减少，社会资源贡献者与社会分配受益者之间存在的矛盾也逐年增大。

4. 自然资源消耗不断增加

近年来，欧盟城市发展迅速，城市面积不断扩大。城市扩张已经体现出许多负面效果。城市扩张使得土地大量占用，导致欧洲的农业生态系统、草场和湿地大量消失；城市扩张后使得医疗保健和初等、中等教育等各项服务的组织非常困难，并导致社会隔离现象不断增加；城市扩张导致城市外围区域低人口密度地区的居民很难享受到公共交通服务，以致私家车数量不断增加，进而导致能源消耗和城市拥堵现象越发严重。

尽管欧盟各城市提出了多种可持续型生活方式来缓解并适应气候变化，并通过改善城市的空气质量和水质来提升城市生活品质，但欧盟各城市均面临众多环境方面的问题。城市扩张导致城区土地资源紧张，城市居民的分散导致能源使用增加、空气质量下降、噪声污染增多，对城市居民身体健康极为不利[89]。自然资源的枯竭导致全球资源竞争加剧，这不仅影响到欧盟各城市的竞争力，还对普通城市居民产生影响。

（二）欧盟城市管理的政策及重点

为了应对城市发展过程中城市管理面临的问题，欧盟制定了相关战略、规划及大量宏观政策。

1. 欧盟推进城市发展的宏观政策

欧盟的可持续发展政策和推进城市可持续发展的政策和措施起步于 20 世纪 90 年代，并在实践中逐步完善和发展。

20 世纪 90 年代，欧盟为了响应联合国可持续发展的呼吁，启动了“可持续城市计划”。1994 年，欧洲首届可持续城市（镇）大会在丹麦的艾尔堡召开，发表了《艾尔堡章程》，标志着欧洲可持续城镇运动的开始。1996 年，第二届可持续城市（镇）大会在葡萄牙里斯本召开，为了将《艾尔堡章程》中的思想落到实际行动，制定了《里斯本行动计划》。此后每2年至4年举办一次可持续发展城市(镇)大会,到目前为止已经举办六届。

1998年,欧盟制定了城市可持续发展的框架政策和行动以协调欧盟有关机构和发挥欧盟各项政策的效率,促进和引导城市的综合发展。政策有四个目标:一是加强城市经济发展,提高就业;二是促进城市地区平等、社会融合和改造;三是保护和改善城市环境,促进地方和全球的可持续发展;四是促进城市管理和地方权利。此外,制定有相应的24项行动建议。

2003年,欧盟提出了欧洲城市可持续发展的行动框架,提出了四个重点:一是不断繁荣城市经济,提高城市就业水平;二是保证城市的平等、社会包容和城市更新;三是以提高地方和全球可持续性为目标保护并改善城市环境;四是改进城市治理和地方权力[90]。2007年,27国的主管部长共同签署了《莱比锡宪章》,通过了一个反对没落的预制板楼住宅区、荒凉的前工业区和交通梗塞的共同战略。让居民从郊外返回市中心,是这个宪章的核心思想之一[91]。

除了宏观政策之外,欧盟还制定了相应的金融和科技政策,并辅以相应的计划加以实施。近年来,欧盟先后实施了包括URBAN、INTERREG、URBACT等一系列支持莱比锡宪章的支撑计划[92]。2009年,欧盟开始实施JISSICA(Joint European Support for the Sustainable Investment in City Areas)计划,并建立基金。JESSICA基金以城市改造规划为导向,以创造市场需求为手段,以研发创新和高新技术为依托,以资助创新型中小企业发展为基础,以增强城区的经济活力和吸引力为目标。

为了应对全球及欧盟地区的经济、社会、环境等方面的挑战,欧盟于2010年制定了《欧洲2020战略》,以推动欧洲实现智能、可持续和包容发展。《欧洲2020战略》中指出:“经济危机吞噬了多年来经济与社会进步的果实并暴露出欧洲经济的结构性弱点,我们需要一项战略,帮助我们从危机中变得更强,并把欧盟变成一个智能、可持续及包容性经济体,实现高水平的就业、生产力及社会凝聚力[93]。”《欧洲2020战略》提出了三个相互加强的优先事项:智能发展、可持续发展、包容性发展。委员会围绕优先事项提出了七项旗舰倡议:创新联盟、青年人流动、欧洲数字化议程、资源效率型欧洲、全球化时代的产业政策、新技能和工作议程、欧洲反贫困平台,来推动战略的实施。欧盟对城市在《欧洲2020战略》实施过程中的地位和作用进行了展望,提出城市在《欧洲2020战略》及其七项旗舰倡议的实施过程中将发挥重要作用。

智慧发展方面。城市集聚了大部分接受过高等教育的人才,他们是实现创新战略的中坚力量。创新指标(如专利集中度等)显示城市的创新活动比其他地区更加活跃,在较大型城市群中,创新成果产出量更大。三个旗舰倡议——“欧洲数字议程”“创新联盟”和“青年人流动”能有效解决一系列的城市挑战。其中“欧洲数字议程”将推动有关信息和通信技术的开发利用,实现更好的医疗保健服务、更加清洁的环境以及更加便捷的公共服务；“创新联盟”将创新合作关系，以实现更加智能和清洁的城市流动方式；“青年人流动”将减少中途辍学者的数量，并为处于困境之中的年轻人、青年企业家和自主经营者提供支持。

可持续发展方面。城市的发展不仅带来各种各样涉及可持续发展方面的问题，也能找到相应的解决方案。绿色、密集、节能的城市发展是促进可持续发展的重要因素。在推动“资源效率型欧洲”和“全球化时代的产业政策”两项旗舰倡议过程中，欧洲支撑城市可持续发展的新兴清洁技术（包括可再生能源、交通、建筑与智能电网等）在市场中处于非常有利的地位，欧洲城市也在制定各种政策，推动清洁技术在城市中的应用。如葡萄牙政府计划在其国内的 25 个城镇中安装大量的充电点，并要求从 2011 年开始公共行政机构所购买的新车中要有 20％以上的电动汽车，可见城市在推动欧洲可持续发展中发挥着举足轻重的作用。这些能源和产业政策是以战略性综合方法制定的，尤其离不开当地政府、利益相关方和市民的大力支持和积极参与。此外，欧洲能源城市协会在 2012 年提出了促进城镇能源转型的三十条建议[94]，以提高欧洲城市能源管理水平，减少能源消耗。

包容性发展方面。目前欧洲城市面临的包容性问题主要体现在社会排斥和隔离。由于近年来欧洲城市失业率居高不下，导致社会排斥和隔离问题比较突出。城市可通过促进包容发展，使其在应对社会分化和贫穷、避免种族隔离及解决人口老龄化问题方面更具优势。“欧洲反贫困平台”的实施目标是到 2020 年减少贫困和社会隔离现象，涉及人口 2000 万人，这将有助于城市发展最佳实践，促进市民间的相互学习。而“新技能和工作议程”旨在实现欧盟的就业目标，即到 2020 年确保 75％的劳动力（20—64 岁）拥有工作。

2. 欧洲可持续发展的重点及监测

早在 1996 年，欧洲议会的城市环境专家组（包括综合组、流动性和可获取新组、规划和公共空间组、宣传组、社会可持续系统组、休闲、旅游和环境建设质量组、城市技术管理组、城市整体管理组和城市更新组）发布了《欧洲的可持续城市》报告，提出了城市管理的几项基本原则：一是环境限制，在不能确定地球承载力的环保门槛是应采取预防原则；二是需求管理，可持续发展要求对需求进行管理而不是满足需求；三是环境效率，减少自然资源使用量，增加资源的耐用性并形成资源循环利用系统将有助于可持续发展；四是社会福利效率，社会和经济多样性是可持续发展的关键；五是平等，社会团结是可持续发展的一个关键原则。上述五项原则中应注意到：由于环境承载力的不同，城市必须选择适宜于自身的发展方式；“效率”的概念已经超越了个人经济产出最大化的含义；生活品质应取代商品质量；环境的可持续性与社会平等密切相关[95]。

1998 年，欧洲基金出版了《城市可持续性指标》报告，提出了城市可持续性绩效指

标的概念框架，如图 33 所示。

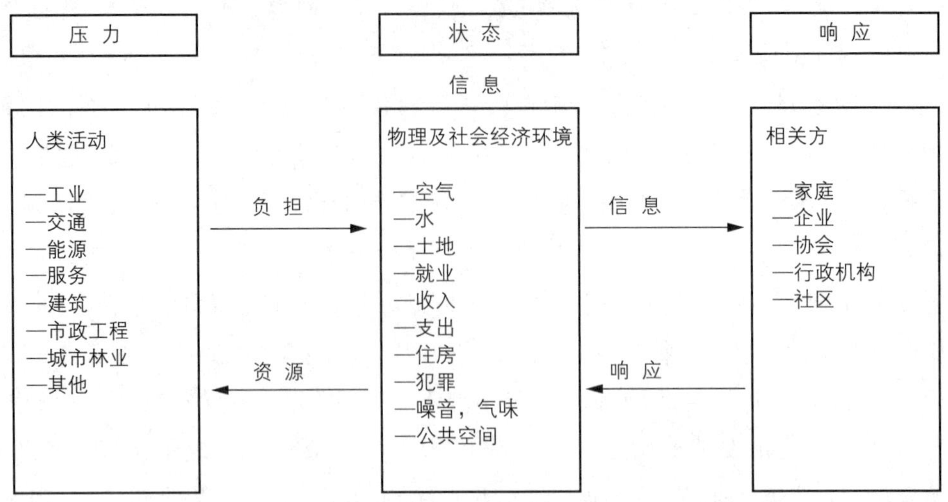

图 33　欧洲基金关于城市可持续性绩效的概念框架[96]

在此框架下，欧洲城市可持续战略确定了城市可持续发展的重点，包括市民参与、城市安全、公众健康、社会公平、全球挑战、城市资源消费、城市机动性、经济增长、城市财政赤字、就业、环境和社会支出等若干方面，如图 34 所示。

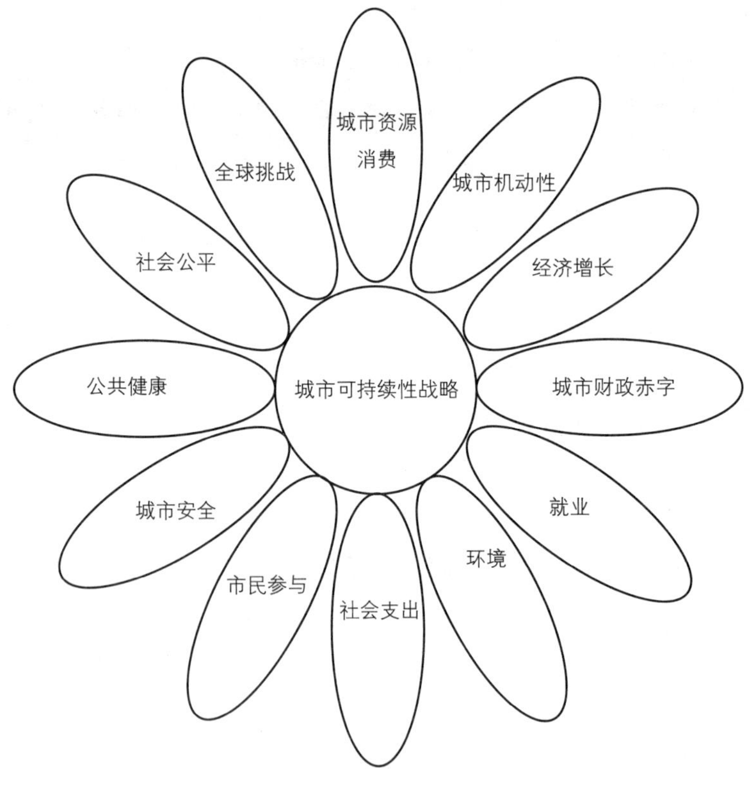

图 34　欧洲城市可持续发展战略

欧洲统计局每年发布关于欧洲可持续发展战略的监测报告，报告基于欧洲可持续发展战略提出了响应的指标体系，如表 14 所示。

表 14　欧洲统计局的可持续发展指标体系[97]

<table>
<tr><th>主题</th><th>一级指标</th><th>二级指标</th><th>三级指标</th></tr>
<tr><td rowspan="4">社会经济发展</td><td rowspan="4">人均国内生产总值</td><td>投资</td><td>家庭储蓄率</td></tr>
<tr><td rowspan="2">劳动生产率</td><td>研发投入</td></tr>
<tr><td>能源强度</td></tr>
<tr><td>就业</td><td>失业率</td></tr>
<tr><td rowspan="8">可持续生产和消费</td><td rowspan="8">资源生产率</td><td colspan="2">资源使用与废弃物</td></tr>
<tr><td rowspan="3"></td><td>国内物资消耗</td></tr>
<tr><td>市政废弃物回收与处理</td></tr>
<tr><td>大气排放</td></tr>
<tr><td colspan="2">消费方式</td></tr>
<tr><td>家庭电力消费</td><td>能源消费</td></tr>
<tr><td colspan="2">生产方式</td></tr>
<tr><td>能源管理体系</td><td>有机农业</td></tr>
<tr><td rowspan="9">社会包容</td><td rowspan="9">贫困风险及社会排挤</td><td colspan="2">贫困及生活条件</td></tr>
<tr><td>社会转型后的贫困风险</td><td rowspan="2">收入不平等性</td></tr>
<tr><td>严重物资匮乏</td></tr>
<tr><td colspan="2">劳动力市场</td></tr>
<tr><td rowspan="2">低就业强度</td><td>长期失业率</td></tr>
<tr><td>性别收入差距</td></tr>
<tr><td colspan="2">教育</td></tr>
<tr><td>早期教育辍学人数</td><td>较低教育水平成人</td></tr>
<tr><td>高等教育</td><td>终身学习</td></tr>
<tr><td rowspan="8">人口变化</td><td rowspan="8">老年人就业率</td><td colspan="2">人口</td></tr>
<tr><td>65 岁人寿命预期(男子)</td><td>生育率</td></tr>
<tr><td>65 岁人寿命预期(女子)</td><td>移民</td></tr>
<tr><td colspan="2">老年人收入</td></tr>
<tr><td>65 岁前后收入变化</td><td></td></tr>
<tr><td colspan="2">公共财政可持续性</td></tr>
<tr><td>公共负债</td><td>退休</td></tr>
</table>

续表

<table>
<tr><th>主题</th><th>一级指标</th><th>二级指标</th><th>三级指标</th></tr>
<tr><td rowspan="6">公共健康</td><td rowspan="6">预期寿命及
健康生活年数</td><td colspan="2">健康及健康的不平等性</td></tr>
<tr><td rowspan="2">慢性疾病死亡人数</td><td>自杀</td></tr>
<tr><td>未能满足健康看护需求数</td></tr>
<tr><td colspan="2">健康决定因素</td></tr>
<tr><td rowspan="2">有毒化学物质</td><td>暴露在颗粒物污染</td></tr>
<tr><td>暴露在臭氧污染</td></tr>
<tr><td rowspan="3">气候变化和能源</td><td rowspan="3">温室气体排放
能源效率
可再生能源消耗</td><td colspan="2">气候变化</td></tr>
<tr><td colspan="2">能源</td></tr>
<tr><td>可再生能源发电量</td><td>能源依赖性</td></tr>
<tr><td rowspan="6">可持续交通</td><td rowspan="6">与 GDP 相关的交通
能源消耗</td><td colspan="2">交通和流动性</td></tr>
<tr><td>货物运输方式</td><td></td></tr>
<tr><td>人员交通方式</td><td></td></tr>
<tr><td colspan="2">交通影响</td></tr>
<tr><td>交通释放温室气体</td><td></td></tr>
<tr><td>道路交通死亡人数</td><td></td></tr>
<tr><td rowspan="6">自然资源</td><td rowspan="3">鸟类指数</td><td colspan="2">海洋资源</td></tr>
<tr><td>捕捞能力</td><td></td></tr>
<tr><td colspan="2">淡水资源</td></tr>
<tr><td rowspan="3">鱼类保护</td><td>地表水和地下水</td><td></td></tr>
<tr><td colspan="2">土地使用</td></tr>
<tr><td>建成区</td><td></td></tr>
<tr><td rowspan="7">全球合作伙伴关系</td><td rowspan="7">官方发展援助</td><td colspan="2">可持续发展资金投入</td></tr>
<tr><td rowspan="2">发展中国家资金援助</td><td>最不发达国家的资金援助</td></tr>
<tr><td>低收入国家的国外直接投资</td></tr>
<tr><td colspan="2">全球贸易</td></tr>
<tr><td>从发展中国家进口量</td><td>从最不发达国家进口量</td></tr>
<tr><td colspan="2">全球资源管理</td></tr>
<tr><td>人均二氧化碳排放量</td><td></td></tr>
<tr><td rowspan="7">良好治理</td><td rowspan="7"></td><td colspan="2">政策一致性和效率</td></tr>
<tr><td rowspan="2">侵权案件</td><td>市民对欧盟主要机构的满意度</td></tr>
<tr><td>欧盟法律的转化赤字</td></tr>
<tr><td colspan="2">公开与参与</td></tr>
<tr><td>投票率</td><td>市民与政府当局的在线互动</td></tr>
<tr><td colspan="2">经济手段</td></tr>
<tr><td>与劳动税相比的环境税</td><td></td></tr>
</table>

3. 欧洲城市可持续发展的愿景

为了推进城市可持续发展，欧盟在可持续发展监测指标体系基础上提出了欧洲可持续城市的愿景，以及欧洲城市管理工作的重点，包括以下25个方面[98]。

(1) 增强城市/区域的经济吸引力。为地方管理机构和相关机构人员提供培训和帮助，提高其技能；扩大城市经济优势领域；推进研发机构与企业的合作，促进知识和技能的传播和应用。

(2) 通过知识和技能发展城市经济。以营利和非营利为目标，识别潜在的和互补的机会；建立并维护营利和非营利部门间的良好关系，确保适当条件和程序以促使其平稳运行和发展。

(3) 提供高效的基础设施以确保城市的连接。通过提供高质量的基础设施(包括高效运输系统、高速网络等)提高内外部的连接性，以利于人员、货物和生产的流动；提供更加灵活的工作条件；使资金和信息获取更加便利。

(4) 发展、推动和支持商品和服务的地方生产和消费。提高产品和服务对环境和社会的影响；鼓励市民、公共管理部门、企业等利用当地的可持续产品；促进商品和服务的地方生产，使其贴近用户、消费者和市民。

(5) 满足就业人口对工作和就业类型的需求。支持满足人民对就业的需求，如多样的工作条件，并解决歧视(种族、性别、文化等)问题，以确保公平获得就业机会；确保通过具体措施解决长期失业和青年人失业，以及歧视(种族、性别、文化等)问题；通过提供必要条件以便更平等、更容易获得与地方经济相关的教育和培训，来提高地方劳动人口的知识和技能。

(6) 维持并发展地方多元经济。识别并解决当前存在的问题，特别是对地方经济可持续发展不利的问题；在区域内促进城市内经济活动和各部门的平衡；支持地方经济主体的创新和寻求新的可持续发展机遇。

(7) 提高每位市民公共服务的质量和可获得性。充分考虑公共服务的质量和成本之间的平衡；提高公共服务的可获得性和可承受性；改善公共服务信息。

(8) 确保每位市民都能从高水平的教育和培训中获益。提高每位市民对教育系统的可承受能力；为每位市民提供高质量学校和培训中心；推动学校和培训中心满足每位市民需求；促进和提供终身学习的机会。

(9) 为每位市民提供良好的公共健康。确保每位市民都能获得优质医疗服务；确保减少健康威胁/风险；确保健康决定因素(环境、生活方式等的影响)的信息正确完善和预防措施有效。

(10) 确保为每位市民提供高质量住房和邻里关系。鼓励对现有房屋重建和在适当情况下(避免城市扩张)新建住房；提高每位市民对高质量住房的可获取和可负担能力;确保社区的社会融合,避免隔离。

(11) 促进社会包容和为每位市民提供机会。采取措施减少贫困和降低社会排斥;强化并发展社会组织的社会资本(即网络、团体和社会信任),以促进协调和合作、互惠互利;根据社会—人口变化调整社会福利;适应现有和未来在社会融合方面的需求(包括弱势群体);促进每位市民的整合(包括行动不便人士和残疾人);鼓励市民参与城市生活。

(12) 促进文化和休闲发展,并确保每位市民都能获得相应服务。鼓励和重视文化多样性;支持和鼓励文化和艺术的创作和交流;确保每位市民都能获得广泛的、可负担的和平等地享受文化的权利;提供休闲和体育设施。

(13) 减轻并适应气候变化带来的影响。确定与欧盟目标一致的 CO_2 和节能减排目标;推动城市采用各阶段更高效的能源利用(生产、销售、设备和适用于消费)的发展模式;鼓励家庭、公共和经济活动降低能源消耗;提高各领域(家庭、工业、农业、建筑业等)能源利用效率;促进可再生能源的开发和利用,降低温室气体排放;确定、衡量和管理城市气候变化的影响;充分考虑生态系统(动植物等)在帮助城市适应气候变化的作用。

(14) 促进和保护生物多样性。鼓励和保护在全境的生态走廊;保持和提高动物和植物物种的保护;保护和提高绿色和自然区域占城市面积的百分比,并保护城市周边农业区域。

(15) 减少污染。减少空气、水、土壤污染;减少各类滋扰(视觉、噪声、光线等);管理潜在的自然和技术灾害。

(16) 保护自然资源的质量和可获得性。识别并提高当地资源的使用,以减少进口和使用非本地资源的影响;减少自然资源的消耗;避免废弃物的产生,鼓励资源的回收和再利用;推动高效创新和可再生资源的使用。

(17) 保护和促进建筑环境、公共空间和城市景观的高品质和高功能。依据地方和文化背景,确定、保护和提高现存的遗产;采取措施限制城市扩张,防止计划外扩张;促进和提升城市景观、公共空间的建筑质量和建筑环境;创建多功能城市空间,以确保公共空间的安全和易获得性。

(18) 为城市制定一个以可持续发展为目标的综合性愿景。制定综合战略时应征询所有利益相关方意见;确定综合战略的优先事项和目标;确定城市发展面临的问题和挑战,并做必要的准备。

(19) 特别注意周边的贫困区域。确保贫困区域的战略融入到城市发展综合战略中;确保城市政策、战略和项目包括贫困区域;确保贫困区域的居民参与城市政策、战略和项目的制定和实施。

(20) 整理城市的管理结构以实现可持续发展。调整城市管理结构以实施城市发展政策、战略和项目；通过城市管理实现已经设定的城市可持续发展目标；提高相关技能以实现良好治理和领导。

(21) 采取措施确保城市可持续发展的融资。创建/配置金融资源；鼓励灵活的和创新的方式为可持续发展融资。

(22) 监测和评估进展。准备和定期对城市政策、战略和项目进行监测和评估；鼓励评估结果的传播，以确保吸收教训。

(23) 与不同层面的机构合作。在城市规划和决策制定过程中，与不同层面的其他机构进行咨询和/或合作；发展地方和区域的合作伙伴关系，如城乡之间或城际之间；发展国家层面的合作关系；发展欧洲和/或国际层面的合作关系。

(24) 促进利益相关方和市民参与。积极鼓励利益相关方和市民参与决策制定的各个阶段，并明确参与者的责任；确保公众在全市范围内获取相关政策的信息。

(25) 建立网络以促进知识交流。通过知识和技能的交流(特别是志愿机构和社区组织)，提高本地能力建设。

上述重点涵盖了城市可持续发展的经济、社会、环境、基础设施、文化与治理的各个方面，为欧洲城市的可持续发展指明了方向和重点。

(三) 欧洲标准化组织对欧盟城市可持续发展需求的响应

1. 欧盟推进城市管理的技术法规体系

为了推动欧洲的城市可持续发展政策落实，欧盟往往通过制定技术法规和相关标准加以推动实施。欧盟技术法规是欧盟理事会和欧盟委员会依据《欧洲共同体条约》第 95 条规定制定的。欧盟技术法规主要包括 20 世纪 80 年代以前发布的旧方法指令和 20 世纪 80 年代以后发布的新方法指令，除此之外，还包括条例和决定。不同名称的立法具有不同的法律性质与效力等级。一项立法采用上述何种名称，取决于所涉及的对象与内容、效力范围与等级。目前，欧盟围绕城市可持续发展相关的法规和指令主要涉及健康、安全、环境等，包括以下几个方面：

能源利用效率方面，欧盟通过提高能源利用效率等方式推广绿色建筑，主要包括建筑性能指令(2010/31/EC)和可再生能源指令(2009/28/EC)等。

水资源保护方面，主要包括饮用水指令(98/8/EC)、废水处理指令(91/271/EEC)、洗浴用水指令(2006/7/EC)、水框架指令(2000/60/EC)、地下水指令(2006/118/EC)等。

空气质量方面，欧盟制定有欧洲清洁空气战略，主要包括欧洲清洁空气指令(2008/50/EC)、大型燃烧设备指令(2001/80/EC)、垃圾焚烧指令(2000/76/EC)、

VOCs指令(94/63/EC、99/13/EC),以及限制交通排放的轿车与卡车指令(70/220/EEC)、重型车辆指令(88/77/EEC)和燃料质量指令(2009/30/EC)等。

废弃物方面,包括废弃物框架指令(2009/98/EC)、包装废弃物指令(91/62/EC)、报废车辆指令(2000/53/EC)、电池指令(2006/66/EC)、电气和电子设备指令(2002/96/EC)、废弃物焚烧指令(2000/76/EC)、堆填区指令(99/31/EC)等。

农药和毒物方面,欧盟制定了国家行动计划,以降低在公园、运动场、娱乐场地、学校和儿童游乐园使用农药和毒物产生的风险。相关的法规和指令包括REACH法规(EC/1907/2006)、植物产品保护法规(EC/1107/2009)、农药可持续使用指令(2009/128/EC)等。

城市绿地方面,欧盟建立了一个自然2000网络,是一个覆盖整个欧盟地区所有成员国的26000个保护区,总面积占欧盟总面积20%的生态系统保护区,能为城市居民提供集中供水、净化空气和娱乐。相关的法规和指令包括栖息地指令(92/43/EEC)和野生鸟类指令(2009/147/EC)。

噪声与安静空间方面,环境噪声已经成为城市居民最常见的压力源,欧盟的健康专家已经确认包括心血管疾病、激素水平升高、心理问题,甚至过早死亡等都与噪声相关。因此,欧盟针对噪声提出了环境噪声指令(2002/49/EC)以实施更加严格的监管,并建立了http://noise.eionet.europa.eu/网站提供噪声监测和信息服务。

气候变化方面,欧盟制定了可持续能源行动计划,计划到2020年,欧洲的1900多个城市将降低20%的CO_2排放量;20%的能源使用可再生能源,通过提高能源利用效率降低20%的能源消耗量[99]。

2. 欧盟城市可持续发展标准系统

欧盟技术法规十分强调欧洲标准的支持。1985年5月7日欧盟理事会通过的《技术协调与标准化新方法》决议正式确立了在制定技术协调指令中采用标准的方法。新方法指令是一种特殊的法律形式,它只规定产品的“基本安全要求”,而欧洲标准化组织为实现这些“基本要求”制定自愿性标准。欧盟理事会每批准一个新方法指令,就要给欧洲标准化组织下达一份标准化委托书,要求依据新方法指令的“基本要求”制定协调标准[100]。近年来,欧洲标准化协会(CEN)和欧洲电工标准化委员会(CENELEC)根据欧盟委员会的要求不断提高对欧盟环境、无障碍立法和政策方面的支持力度[101],逐步形成了有力支撑城市可持续发展的城市可持续发展标准系统,如图35所示。

CEN和CENELEC确定了对欧盟提出的“Horizon 2020”计划确定的三个优先领域提出了具体的标准研制重点,其中在应对社会挑战领域,为了有效应对城市可持续发展中面临的主要问题,CEN和CENELEC将加强卫生、人口结构变化和福利;保证

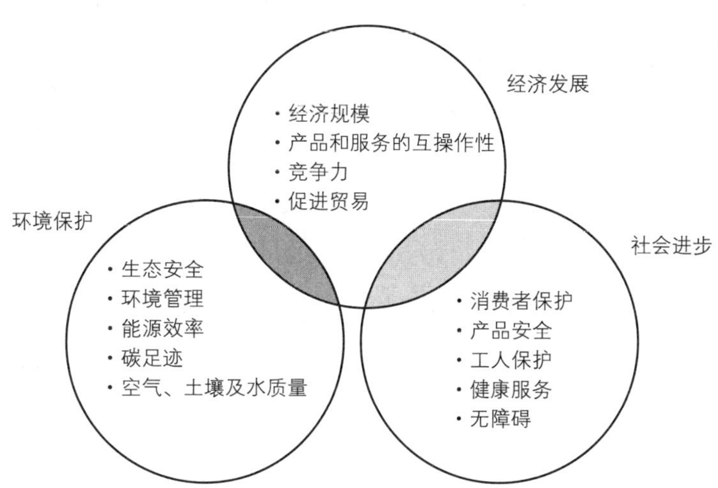

图 35 CEN-CENELEC 城市发展和管理的标准系统

食品安全、可持续农业、海洋和海事研究、生物经济发展；提高安全、清洁和高效的能源利用；建设智能、绿色和综合交通体系；实施气候行动，提高资源效率和原材料；构建包容性、创新性和安全的社会等方面标准的研制[102]。

经济发展方面的重点是经济规模、产品和服务的互操作性、竞争力和贸易便利性；社会进步方面的重点是消费者保护、产品安全、劳动者保护、健康服务、无障碍；环境保护方面的重点是生态安全、环境管理、能源效率、碳足迹、空气及土壤和水的质量[103]。

3. 欧盟支撑城市可持续发展的城市管理标准组织体系

现阶段，CEN 和 CENELEC 为推动欧盟城市可持续发展，围绕城市可持续发展形成了相对完善的标准技术组织体系[104]，如表 15 所示。

表 15 CEN-CENELEC 支撑城市可持续发展的城市管理主要标准组织

方向和领域		技术机构	技术机构名称
城市宏观管理		CEN/CLC/ETSI/SSCC-CG	智慧和可持续城市合作组
经济	投资	—	—
	消费	CEN/XFS WS	金融服务的扩展
		CEN/CLC/TC3	医疗设备的质量管理额一般问题
		CEN/SS F20	质量保证
		CEN/TC 279	价值管理—价值分析、功能分析
		CEN/TC 52	玩具的安全
	贸易	—	—
	创新	CEN/TC 389	创新管理

续表

方向和领域		技术机构	技术机构名称
社会	教育	—	—
	医疗、卫生	CEN/SS S99	健康、环境和医疗设备
		CEN/TC 251	健康信息
		CEN/TC 163	卫生器具
	安全	CEN/CLC/TC 4	火灾安全和安全系统服务
		CEN/SS A11	安全服务
		CEN/TC 127	建筑消防安全
		CEN/SS H34	儿童安全
		CEN/TC 379	供应链安全
		CEN/TC 391	社会和公民安全
环境	环境保护	CEN/SS S26	环境管理
		CEN/SS S08	空气质量
		CEN/TC 264	空气质量
		CEN/TC 308	污泥的特征与管理
	资源利用	CEN/CLC/JWG1	能源审计
		CEN/CLC/JWG3	能源管理和相关服务——一般要求和资格审查程序
		CEN/CLC/JWG4	能源效率及节能计算
		CEN/TC 89	建筑物的热性能和建筑构件
		CEN/SS B09	建筑能效指令
		CEN/SS F23	能源
基础设施	交通	CEN/TC 350	建设工程的可持续性
		CEN/TC 278	智能交通系统
		CEN/TC 377	空中交通管理
	水及卫生	CEN/TC 93	水的测量
	污水处理	CEN/TC164	供水
		CEN/TC 165	废水工程
	固体废弃物处理	CEN/TC183	废物管理
	能源	CEN/TC 430	核能、核技术及放射性防护
		CEN/TC 312	太阳能系统及组件
		CEN/TC 335	固体生物能源
		CEN/TC 234	天然气基础设施
		CEN/TC 383	可持续生产的生物能源应用
	ICT	CEN/TC 353	学习、教育和培训的信息通信技术
	其他	CEN/TC 287	地理信息
文化与治理		CEN/TC 381	管理咨询服务
		CEN/CLC/JWG8	隐私管理产品和服务

4. 欧盟支撑城市可持续发展的标准化工作

近年来，CEN 和 CENELEC 响应欧盟制定的相关政策和计划，围绕城市可持续发展开展了大量工作[105−106]。

（1）经济

近年来，CEN和CENELEC围绕消费、贸易、投资和创新方面开展大量标准化工作，为推动欧洲经济复苏做出贡献。

消费方面，目前CEN有22个技术委员会（52、136、207、248、252、263、279、281、289、309、332、333、355、364、369、392、398、401、402、416、421、426），CENELEC有2个技术委员会（59X、61），依据欧盟一般产品安全指令（2001/95/EC）、玩具安全指令（2009/48/EC）、生态设计指令（2009/125/EC）、低电压指令（2006/95/EC）和机械指令（2006/42/EC），以及欧盟委员会的委托书M/464、M/497、M/505、M/506、M/507、M/508、C(2014)5058，制定标准[107]。截至2014年底，CEN和CENELEC共计发布了819项欧洲标准（EN/HD）和包括技术规范、技术报告、研讨会协议等56项技术分发物，重点是儿童用品，家居用品，体育、皮革、化妆品、纺织产品及其他消费品安全方面的标准。儿童安全方面：CEN/TC 52玩具，CEN/TC 136体育、操场和相关设备，CEN/TC 252儿童用品和看护用品、CEN/TC 364高椅和CEN/TC 398儿童保护产品，将依据婴幼儿每天的主要活动特点研制标准。家用电器设备方面：CENELEC/TC 59X家用电气设备的性能的20多个WG将依据欧盟的生态设计指令（2009/125/EC）、低电压指令（2006/95/EC）和机械指令（2006/42/EC）制定各类家用电器性能方面的标准。

创新方面，为强化标准在促进创新方面的作用，CEN和CENELEC成立了标准化、研究与创新工作组（STAIR）[108]，从国家层面鼓励研究人员和标准化人员在某些具体领域和技术方面紧密合作。CEN和CENELEC的31个成员中的26个成员向本国的研发和创新人员提供研发与创新合作信息（RDI—COR），以弥合研究、创新和市场之间的差距。此外，CEN和CENELEC还在欧洲研究与技术协会组织（EARTO）的联合研究中心（JRC）中就共同感兴趣的领域开展合作。

（2）社会

近年来，CEN和CENELEC围绕安全、卫生和无障碍等方面开展标准化工作。

安全方面，欧盟与安全相关的产业市场规模在300～365亿欧元，而安全涉及到欧盟的社会稳定、经济发展和就业改善，目前CEN有3个技术委员会（263、379、391），此外还与CLC/TC79报警系统、CEN/CLC/JWG8隐私管理的安全技术和服务、CEN-CENELEC-ETSI网络安全协调组，依据欧盟委员会的委托书M/487建立安全标准的规划要求和即将发布的M/XXX产品和服务的涉及、发展和提供期间的隐私管理，共发布80项欧洲标准和23项技术分发物。以人身安全为例，欧洲的三大标准化组织（CEN、CENELEC、ETSI）共同重点开展了3个方面的研究：边境安全，危机管理和公民保护，化学、生物、放射性、核和爆炸性（CBRNE）材料。2015年，CEN和CENELEC将继续依据EC M/487，围绕CBRNE材料和危机管理的术语和指南方面开展工作。

健康和安全设备方面，目前CEN有12个技术委员会（79、85、122、126、137、158、159、160、161、162、211、231），CENELEC有5个技术委员会（31、62、78、204、216）与之相关，依据欧盟PPE指令（89/686/EEC）、ATEX指令（94/9/EC）和户外装备噪声指令（2000/14/EC和2005/88/EC），共发布922项欧洲标准和62项技术分发物。2014年3月，欧盟发布了一项关于个人防护装备的法规建议[COM(2014)186]，并开展相关标准化工作。在个人防护装备（PPE）方面，CEN有7个技术委员会，CENELEC有2个技术委员会开展相关标准化工作。

卫生保健方面，目前CEN有17个技术委员会（55、102、140、170、204、205、206、215、216、239、251、258、285、293、316、362、367），CENELEC有1个技术委员会（CLC/TC 62），2个CEN-CENELEC技术机构（TC3、JWG AIMD），依据欧盟医疗设备指令（93/42/EEC）、植入医疗设备指令（90/385/EEC）、体外诊断医疗器械指令（98/79/EC），以及欧盟委员会的委托书M/023、M/252、M/295、M/467、M/448，共发布826项欧洲标准和48项技术分发物[109]。此外，CEN和CENELEC共同组建了卫生保健联合咨询董事会，以加强两个标准组织之间的协调，促进合作和分享信息。

无障碍方面①，目前欧洲有3个技术组织（CEN-CENELEC JWG5、CEN-CENELEC JWG6和CEN-CENELEC-ETSI JWG），依据欧盟委员会的委托书M/473为所有人设计、M/420建筑环境的无障碍性，共发布1项欧洲标准和4项技术分发物。CEN和CENELEC在ISO和IEC层面开展合作，共同为ISO/IEC指南71强调标准的无障碍性指南作出贡献，并将其作为CEN-CENELEC指南6。

(3) 环境

欧盟历来重视环境方面的标准化工作，CEN成立了环境战略咨询机构（CEN/SABE），其成员主要来自与资源利用和环境保护相关的技术机构，探讨欧洲环境保护标准化的现状、问题及对策。CEN还建立了CEN环境帮助平台，为CEN的技术机构提供支持和服务[110]。此外，CEN还与欧洲公民环保标准化组织（ECOS）和欧洲标准化中消费者利益合作协会（ANEC）开展合作，推动普通市民和消费者参与环保标准化工作。近年来，欧盟围绕资源利用和环境保护开展大量工作。

能源利用方面，目前与能源利用标准化相关技术组织CEN有61个技术委员会、CENELEC有49个技术委员会、以及6个CEN和CENELEC联合技术委员会，依据电工指令（2009/72/EC）、天然气指令（2009/73/EC），及欧盟委员会的委托书M/369空间加热设备和能源采集设备、M/400气体质量、M/475生物甲烷、M/495生态设计、M/511低电压指令、M/525热解油，共发布1497项欧洲标准和88项技术分发物。CEN和CENELEC能源标准化工作还涉及汽车燃料、核能、热解油、智能电网、智能电

① 无障碍性是指让尽可能多的能多的人（包括残疾人和老年人）使用产品、系统、服务、环境、建筑和设施。

表等。

环境保护方面，目前与环境保护标准化相关的技术组织CEN有17个技术委员会(164、165、183、223、230、260、264、292、308、335、343、345、351、366、400、406、411)，CENELEC有1个技术委员会(111X)，依据水框架指令(2000/60/EC)，欧盟委员会的委托书M/424水框架指令、M/478温室气体排放、M/503环境空气质量法规、M/513气态氢氯化物排放、M/514挥发性有机化合物(VOC)排放、M/518报废电子电器设备、M/526适应气候变化，共发布390项欧洲标准和94项技术分发物。近年来，CEN和CENELEC重点依据《欧洲2020战略》的旗舰项目资源效率欧洲技术路线图开展了资源效率相关标准化工作；CEN还高度关注支持REACH法规、废弃物指令、持久性有机污染物(POP)监管和RoHS指令的相关标准的制定和实施。此外，CEN和CENELEC加强了基础性标准化工作：CEN出版了CEN指南4产品标准中解决环境问题的指南；更新了CEN环境帮助平台，帮助技术委员会使用有害化学物方面的标准。

(4) 基础设施

基础设施建设与管理是欧洲标准化工作的重点，CEN和CENELEC在建筑、交通等方面开展大量工作。

建筑方面，CEN有超过100个技术委员会负责制定与建筑相关的标准，依据欧洲建筑产品法规(CPR-305/2011)，以及35项欧盟委员会的委托书，共制定了3920项欧洲标准和274项技术分发物，包括建筑产品、建筑能源效率、建筑加热通风和空调、建筑编码等方面的标准。以建筑产品方面为例，依据欧洲建筑产品法规(CPR-305/2011)对合格的建筑产品授予CE标志；建筑能源效率方面，欧盟委员会要求CEN制定提高建筑能源效率的标准，包括依据建筑能源效率指令(2010/31/EU)和欧盟委员会的委托书M/480，制定建筑能源效率计算方法(CEN/TC 371)、建筑物和建筑物部件的热性能(CEN/TC 89)、建筑物通风(CEN/TC 156)、光线与照明(CEN/TC 169)、建筑物加热系统(CEN/TC 228)、建筑物自动化、控制与建筑管理(CEN/TC 247)等标准。

交通方面，CEN有20个技术委员会(15、23、119、242、256、261、268、274、278、286、296、300、301、320、326、333、354、379、393、413)，CENELEC有1个技术委员会(9X)铁路电子电气设备，此外欧洲三大标准化组织还有关于铁路的联合技术委员会(CEN-CENELEC-ETSI Joint Programming Committee for Railways)，依据欧盟的欧洲铁路系统的互操作性指令(2008/57/EC)、载人索道设计指令(2000/9/EC)、游艇和私人船只指令(2013/53/EU，替换94/25/EC)，以及欧盟委员会的委托书M/075休闲船只、M/086危险商品运输、M/300索道装置、M/338道路电子收费系统的互操作性、M/421车载诊断和信息系统、M/453智能交通系统、M/457轮胎压力管理系统、M/468电动汽车充电、M/铁路系统的互操作性、M/486城市铁路，共制定901项欧洲标准和143项技术分发物。此外，围绕航空航天，CEN的CEN/TC377航空交通管理，以及CEN和CENELEC的联合技术委员会CEN/CLC/TC 5空间，依据欧盟委员会的委托书M/390欧洲航空交通管理网络的互操作性和M/496关于航天工业标准化，共制定了2239项欧洲标准和2项技术分发物。这些标准为欧洲确保其交通系统的安全和高效，促进欧盟经济发展做出重要贡献，目前欧洲交通基础设施、设备设施、交通管理系统等方面处于世界领先地位。2015年，欧洲交通方面标准化工作的重点是清洁车辆和船只、陆路交通、水路交通、铁路交通、水上运输—游艇、智能交通系统、航天、航空交通管理等。

(5) 城市治理

目前欧洲标准化组织根据城市可持续发展发展趋势和智慧城市发展的需要，组建了CEN-CENELEC-ETSI可持续智慧城市和社区协调组(SSCC-CG)，其成员来自CEN、CENELEC、ETSI，及相关组织、机构的代表，观察员来自ISO(ISO/TC 268)、IEC、ITU、欧盟其他相关组织。SSCC-CG成立了3个任务组(TG)：TG1国际、欧洲和国家标准化活动分析，由法国AFNOR领导；TG2欧洲利益相关方和感兴趣组织的分析，由法国AFNOR领导；TG3 SSCC-CG范围内的主题和问题分析，由英国BSI领导[111]。截至2014年底，SSCC-CG共发布41项欧洲标准和6项技术分发物。2015年，SSCC-CG将发布一份关于欧洲标准化组织如何在可持续智慧城市标准化方面开展工作的建议报告，并就“可持续智慧城市的概念性交互框架”进行测试。

四、英国城市可持续发展及标准化实践

英国是世界上最早启动城镇化进程的国家，拥有260年左右的城镇化实践。英国城镇化始于18世纪60年代，与工业革命同步。英国最早地遭遇到了工业革命和城镇化带来的环境问题的巨大挑战，英国在世界上第一个制定颁布了可持续发展规划，并在比较短的时间成功缓解了资源与环境的压力，英国在世界城镇化历史进程中做出了非常重要的贡献。这其中的经验教训对我国当前的城镇化和可持续发展具有重要的启示。

(一) 英国在城镇化中遇到的问题和挑战

英国的城市发展与其最早产生的工业革命密切相关，大规模的机器生产使农村的生产活动摆脱了对土地的依附，据世界银行统计的数据，英国在1800年城市人口比例就达到了25%。城市的快速发展对环境和人类可持续发展产生了较大影响。英国是

工业革命的发源地，最早受到环境污染的危害。当时主导英国全社会的是“自由放任”理论，这一理论在很大程度上进一步加剧了环境污染。英国1872年在工业城市就出现了酸雨，但并没有引起人们对工业文明消极后果的反思。英国在推进工业化进程中无视生态规律，严重地破坏了人与自然的和谐，遭到自然界的猛烈报复，但一直没有彻底醒悟。19世纪中期以后，英国经济因工业革命得到了飞速的发展，但城镇化过程中的问题也越来越严重。

一是城市发展和竞争力面临威胁，在工业革命和城镇化的大力冲击下，工业经济高速增长，突飞猛进，大量农民涌入工业集中地区，城市人口急剧增加。包括人口的老龄化、大量外籍人口的进入、失业率的居高不下，以及严重的财政赤字。

二是社会两极分化不断加重，贫困与富有之间的对比，导致在文化、社会和种族多样性方面也存在两极分化问题。包括居住条件、教育质量，以及获取健康、交通和信息服务的不平等等问题。由于缺乏规划和相应的建设，许多地方居住环境十分恶劣，卫生状况很差，疾病蔓延。

三是城市扩张导致城区土地资源紧张，生态系统遭到破坏，城市扩张使得土地大量占用，导致农业生态系统遭到损坏，草场和湿地逐渐消失。城市居民的分散导致能源使用增加。

四是自然资源消耗不断增加，导致严重的大气污染，蒸汽机时代后煤炭成为最主要的燃料，由于煤炭的大量使用，使得空气质量严重恶化。城市扩张后，导致城市外围区域低人口密度地区的居民很难享受到公共交通服务，私家车数量不断增加，能源消耗和城市拥堵现象越发严重。空气质量下降，噪声污染增多。

五是严重的河流污染。日益增多的工业污水与生活污水直接排入河流，比如具有“皇家之河”美誉的泰晤士河，一度成为了“臭水沟”。英国竟然还获得了“欧洲脏人”的称谓。

一直到1952年12月，伦敦发生毒雾事件，造成12000多人死亡。这起恶性生态事件，使英国开始重视环境污染的治理。

（二）英国在城镇化进程中采取的政策和措施

无视资源、环境及城市科学规划，单纯推动工业革命及随之兴起的城镇化，导致了一系列挑战的不断出现，不断加重。痛定思改，英国开始重视城市的可持续发展，采取了一系列法律政策和措施，解决城镇化中的各种问题。

英国可持续发展战略主要在减排温室气体、发展再生能源、建设“零能源发展系统”绿色社区、推行垃圾分类回收、整治泰晤士河、加大绿化力度等六大方面效果显著[112]。作为最早的资本主义国家，完整经历了由粗放型大生产模式转型为精细化循环经济模式的过程，并通过一系列法律、政策和措施将生态环境恢复到了人与自然相对和谐的状态。

在英国，设有独立的可持续发展委员会，负责监督政府对可持续发展政策的执行，以确保可持续发展目标的实现。

1. 法律法规

1956 年，英国颁布了世界上第一部《清洁空气法》，逐步实现了全民天然气化，停止了燃煤，环境质量有了明显的改善。

英国城市规划体系在 2004 年《规划与强制征收法案》之后重新调整为国家、区域和地方 3 个层次。其中，国家层面上，英国政府负责制定有关规划方面的国家政策和规划系统运作的总体原则，主要文件包括国家“规划政策陈述”(PPS)和“规划政策指引”(PPG)。在区域层次上，英国各区域机构规划部门负责编制反映国家规划政策的“区域空间战略”：明确该区域内重点发展地区和 10～15 年内土地利用方案，并在有必要时编制“次区域规划”。在地方层次上，英国各郡、城市或者地区政府规划部门负责编制“地方发展框架”，包括“地方发展计划”、“地方发展文本”和“社区参与陈述”。《规划与强制征收法案》第一次以法律的形式确定了英国每个地区需要设立区域规划机构和修订区域空间战略。该法案包括 9 个部分的内容：区域功能、地方发展、规划和可持续发展、发展控制、修正、威尔士、皇家申请、强制性购买、其他。总体目标是建立更富有弹性和相应能力的规划系统，增加社会参与的效力和质量，并使规划的实施得到资金保障；允许地方规划机构通过地方发展条例改善地方发展；加快主要基础设施项目的论证审批程序；免除皇家在规划过程中的豁免权；使强制性购买体制更加简单、公平和高效，以支持主要基础设施投资和城市更新的相关政策。

2007 年，英国颁布了《气候变化法案》，宣布了具有法律约束力的目标，即与 1990 年相比，到 2020 年，英国二氧化碳排放量至少减少 26%，到 2050 年，至少减少 60%。

2. 政策规划

1994 年英国环境部按照 1992 在联合国环发大会上的承诺制定了可持续发展战略——《可持续发展　英国的战略选择》。在这个长达 260 页的报告中，明确地阐述了政府对可持续发展的认识与理解。英国政府认为，促进经济发展以保证提高自己和后代的生活水平，同时也追求保护和改善他们现在及子孙后代的环境，将这两个目标加以协调，就是可持续发展理念的核心内涵。英国政府还认为，可持续发展需要在三个方面改进：一是政府部门应对可持续发展提出具有权威性和独立性的建议，二是应加强有代表性的部门对可持续发展圆桌会议的参与，三是应进一步将可持续发展知识普及到社区和每个人[113]。

1996 年 3 月，英国环境、交通和区域部(DETR)公布了英国可持续发展指标体系，将可持续发展按照压力—状态—响应(PSR)的模式分成了120个指标。该指标以英国的可持续发展目标为基础,采取目标分解的方式设计,是第一个将对可持续发展的衡量从定性到定量,从研究到实践的尝试。

1998年9月,英国政府“可持续发展教育工作组”提交了一份工作报告,并按可持续发展教育的要求对英国《国家课程》进行了修订,其中把可持续发展教育定义为:可持续发展教育是一种学习过程,旨在维持、改善并提高后代人的生活质量。可持续发展教育能使个人、社区、群体、企业界和政府部门在生活和所采取的行动上遵循可持续性原则,同时使人们认识到环境问题、社会问题和经济问题是彼此相关的。

2002年9月,英国环境部与贸易工业部就生产与消费的可持续性公布了题为《发展模式——英国政府关于可持续消费与生产的框架》,这是一项长期政策。在这个长期政策中,英国政府提出了不污染环境的经济发展道路;有效利用资源;产品生命周期评价;让消费者得到更多产品与服务信息的办法;对降低环境负担的技术进行投资并促进技术革新的办法等5个方案。

2003年,英国政府发布了题为《我们能源的未来:创建低碳经济》白皮书,在这本白皮书中提出,英国已经充分意识到了能源安全和气候变化的威胁,提出在可持续发展理念指导下,要通过技术创新、制度创新、产业转型、新能源开发等多种手段,尽可能地减少煤炭石油等高碳能源消耗,减少温室气体排放,达到经济社会发展与生态环境保护双赢的一种经济发展形态。

2005年英国政府副首相办公室发布了《规划政策陈述:实施可持续发展》。该文件是英国政府在规划领域全面推行可持续发展战略的国家规划政策。其内容共分两大部分:第一部分阐明规划体系的政府目标;第二部分具体陈述城市规划的关键原则、城市规划可持续发展的核心内容以及实施可持续发展的主要途径。

2007年5月23日,英国发布《能源白皮书》,宣布到2050年前后将温室气体排放量减少60%。英国成功地将维持经济增长的目标与控制温室气体排放量结合起来,1990年至2002年期间,英国经济增长36%,而排放量降低了15.3%。

(三)英国城市可持续发展标准化实践[114]

英国是标准化启步最早的国家之一,有深厚的标准化基础。在英国城市可持续发展中,标准化同样发挥了不可替代的技术支撑和保证作用,保证了英国城市可持续发展法规、政策和规划的实施。根据英国关于城市可持续发展一系列政策和各项规划,英国标准化协会(BSI)陆续制定了一系列的有关城市可持续发展的标准。BSI主席提出可持续发展标准有效推动城市可持续发展[115]。“可持续性标准的实现帮助组织辨识相关的法律政策,增加经济效益,节约相关成本。通过采用这些标准,一个组织还可以承诺实现可

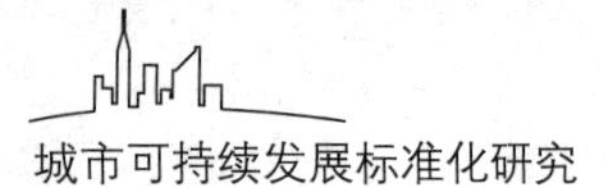

持续发展，吸引和得到更多的顾客，进入新的市场。”

英国涉及城市可持续发展的标准基本可以分为以下几类：

1. **宏观管理方面**

ISO/TC 268/WG1 建立后，英国加快了可持续城市的建设。BSI 制定了包括“BS 8904:2014 标准——城市可持续发展指南”，发布了 BS 8900 可持续发展标准的系列标准，包括 BS 8900-1 基础框架、细则，BS 8900-2 可持续发展管理组织评价，BS 8900-3 可持续性采购原则和框架—指南等标准。

“BS 8904:2014 标准——城市可持续发展指南”中明确提出城市可持续发展七个步骤：一是根据当地的情况和当地人最关心的问题，确定可持续性的城市目标，即经济、社会生活和环境的愿景；二是加强可持续发展的宣传，以获得各界支持；三是组建有效团队；四是依据民众意见确定可持续发展的原则；五是将一系列的原则转变为清晰的行动计划；六是将计划付诸行动，将愿景变为现实；七是按照可持续原则评估城市发展[116]。

此外，BSI 依据城市可持续发展趋势，制定了 PAS 180:2014 智慧城市—术语和 PAS 181:2014 智慧城市框架—制定智慧城市和智慧社区的指南。

2. **社会发展方面**

BSI 重点推进社会责任标准化工作，采用了 BS ISO 26000 社会责任指南，并利用社会责任降低安全风险。

3. **环境方面**

BSI 与城市环境相关的标准主要分为环境管理、环境技术标准。BSI 于 1992 年3 月提出了 BS7750 环境管理体系规范，其思想得到世界各国认同，并逐步形成了一系列涉及环境管理的国际标准。1996 年，ISO 针对全球性的环境污染和生态破坏越来越严重，臭氧层破坏、全球气候变暖、生物多样性的消失等重大环境问题威胁着人类未来的生存和发展的宏观背景下，在 BS 7750 的基础上制定发布了 ISO 14001 环境体系标准。ISO 的环境管理体系标准已经成为全球最受关注的国际标准之一，英国均加以实施，包括 BS EN ISO 14040《环境管理　生命周期评价　原则和框架》，BS EN ISO 14044《环境管理　生命周期评价　要求事项与指南》，BS EN ISO 14031《环境管理　环境绩效评价　指南》，PD ISO/TS 14033《环境管理　定量环境信息　指南和实例》，BS EN ISO 14045《环境管理　产品系统的生态效益评价　原则、要求和准则》，BS EN ISO 14006《环境管理体系　包含生态设计的指南》等标准，BS EN ISO 14015《环境管理　现场和组织的环境评价》等标准。近年来，BSI 加大了对温室气体管理标准化工作的力度，重点开展了温室气体评估、减排、补偿、交易等方面标准化工作，BSI 制定了 PAS 2050《商品和服务在生命周期内的温室气体排放评价规范》、PAS 2060《碳中和证明规范》、PAS 2070《城市温室气体排放评价规范》等标准，采用 BS EN ISO 14064-1《温室效应气体　第 1 部分：温室效应气体的释放及去除定量报告组织水平的交易规范》、BS EN ISO 14064-2《温室效应气体 第 2 部分：温室效应气体的释放及去除定量报告企业水平的交易规范》等国际标准，上述标准为企业和组织提供了可靠的评估工具，监测并减少温室气体排放，提高企业和组织恢复力，以应对气候变化。

环境技术方面，近年来 BSI 重点开展了空气质量、电能存储、碳捕捉和存储、通信、替代能源、道路车辆对环境的影响、可再生能源技术等方面的标准化工作。以空气质量为例，BSI 制定并采用了 BS EN 14181（固定源辐射 自动测量系统的质量保证）、BS EN 15267（空气质量 自动测量系统的质量保证）系列标准、BS EN 481（工作场所空气 空气粒子的粒级定义测量）等标准，以帮助企业监测空气质量，改善制造工艺，提高效率并增加效益。

BSI 还在生物多样性方面制定了 BS 42020（生物多样性—计划和发展行为守则），在环境管理方面制定了 BS EN ISO 14001（环境管理体系，使用指南的要求），在社会责任方面制定了 BS ISO 26000（社会责任指南）和 BIO 2215（社会责任实践方法）。从总体看，英国未来将更加重视城市的可持续发展，在保护生物多样性、应对温室气体和推动新能源开发应用方面，采取更加切实和可行的措施。标准化则是保证这些措施得以实施的技术支撑和有效工具。

英国的目标是 2020 年全面停止生物多样性的减少，支持功能良好的生态系统，建立连贯的经济网络，为野生动物和人类提供更多更好的地域，生物多样性标准通过帮助组织认识它们对复杂的生态体系造成的影响帮助实现上述目标。BSI 在环境管理方面制定了一系列标准，包括 ISO 14001 的修订：旨在增强法律的一致性、提高对环境措施的理解，考虑影响组织的环境方面。对 ISO 14004 做修改，以满足 ISO 14001 标准的要求。这两项标准将在 2015 年发布。

4. 资源方面

（1）能源管理

1993 年 1 月，英国能源效率办公室在两次对能源信息系统的调查基础上，正式公布了《能源管理指南》文件。主要针对建筑能源管理，要求建立审核能源管理活动的组织。推出能源管理矩阵，指出哪些要素属于优先关注。

2004 年 3 月，碳信托基金为了对能源行动项目提供帮助，编写发布了《能源与环境管理的战略途径——良好实践指南》，使用范围主要是涉及能源使用和环保的所有组织。其中包括“实施过程”“控制和监督”“结果评价”等。

2011 年 6 月，BSI 推出基于国际能源管理标准 ISO 50001 的服务，以帮助组织提高盈利能力，减少温室气体排放量，进一步实现节能减排目标。该标准旨在实施降低能耗的行动计划、实现目标和能源绩效指标，并识别优先处理和记录各种能源绩效改善机会,从而实现节约。

能源管理在推动新能源开发应用方面,BSI关注所有相关领域,包括智慧电信、可替代性能源、交通工具对环境的影响。具体包括以下几个方面的持续发展:交通工具方面逐渐融合的电信技术和信息技术;可替代性能源或者推进模式进入市场,比如使用电池的电动车、使用气态能源的热引擎,比如沼气、LPG或H_2;越来越关注交通工具在其生命周期内对环境造成的直接影响,包括能源消耗和回收利用的能力,包括电网连接,发展电能储备,电能与热能、势能、电池之间的相互转化,以及光电池、风力发电、生物反应器和生物燃料,水力发电和热能发电。

(2) 水资源管理

20世纪,英国水资源经历了从地方分散管理到流域统一管理的历史演变,现在定型于中央对水资源按流域统一管理与水务私有化相结合的管理体制。与水资源管理相关的中央级政府部门主要有3个:农业、渔业和食品部,环境、运输和区域部,科技教育部。政府水资源管理执行部门主要有国家环境署、饮用水监督委员会、水服务办公室、水事矛盾仲裁委员会。1995年环境法出台后,国家环境署不仅发放水许可证,而且发放排污许可证,污水处理不达标准不允许排放。水服务办公室监督供水公司执行水质和服务标准。饮用水监督委员会代表政府提出饮用水的水质参数,制定饮用水水质政策和检测标准。

(3) 废弃物管理

英国的废弃物管理制度缘起于1974年《污染控制法》第2部分的规定,后经1990年《环境保护法》等多次修订,形成了现行完善的废弃物法规体系和管理制度。包括1991年的《可控废弃物管理规定》、1994年的《废弃物许可证管理条例》、1998年的《废弃物减量法》、1999年的《污染防治法》、2003年的《家庭生活垃圾再循环法》和《废弃物管理文件4》、2005年的《家庭废弃物管理的注意义务规定》及《速食品废弃物管理条例》。

(4) 土壤和土地资源管理

2002年3月,英国环境部发布了污染场地风险评价研究成果,包括污染场地健康风险评价要求,土地评价中的潜在污染物、土壤污染物的毒理学和人体摄入量估算、污染场地风险评价模型(CLEA)、土壤污染指导性标准等一系列报告与标准,形成了完整的"污染场地风险评价技术规范"。目前,英国环保局出版的污染物健康标准包括23种污染物,土壤污染指导性标准包括11个污染物,及四氯化碳、多环芳烃、阿特拉津等污染物的有关标准。

英国可持续发展标准化工作与法律法规和政策规划紧密结合,实施效果显著。以伦敦为例,伦敦战略规划将社会、经济、环境等问题系统有序进行考虑,充分利用现有的国际标准和英国标准,以政策、规划为指导,以标准确保政策、规划实施的方式,伦敦的可持续发展成效显著[117]。

五、美国城市可持续发展及标准化实践

（一）美国的城镇化及城市发展现状

1. 美国的城镇化发展

美国城市的发展分大体为两个阶段：一是传统城镇化时期，即 20 世纪 20 年代前农村人口向城市集中，至 1920 年城市人口占总人口比重达到 50%；二是新型城镇化时期，即 20 世纪 20 年代后，美国从一个城镇化国家演变成为一个大都市区化国家，城镇化率超过 80%。

美国的城镇化是一个由传统的乡村社会转变为现代的城市社会的自然历史过程。美国的城镇化进程和其工业化发展紧密结合，19 世纪上半期美国开始工业革命，作为美国工业革命摇篮的东北部城市开始兴起，并确立了在全国经济中的核心地位；19 世纪下半期，美国西部地区开始得到大规模开发，中西部地区城市迅速崛起，若干孤立的小城镇迅速发展为一个有机联系的城市体系；二战后的美国经济结构发生变迁，传统制造业衰落，高新技术产业与生产服务业深刻影响了美国城市的发展，西部和南部地区的城市异军突起，加州就是典型的例子，它不仅是举世闻名的高新技术中心——硅谷的所在地，也是美国高新技术产业最发达的地区。1920 年后的美国城市，由于人口过于聚集，城市空间结构发生明显变化，构成了以多中心为主要特征的大都市区。随着城市规模的迅速扩张，交通、住房、卫生、健康、环境等一系列问题出现，亟需建立和健全相应的市政机构和管理体制。美国城市的发展历史和对城市开展的治理和规划，在很大程度上反映了美国城市发展中引发的各种问题，包括环境卫生和公共健康、居住质量和过分拥挤、丑陋和灰暗的工业城市、交通拥堵以及伴随城市人口的迁移产生的供应问题。近几年美国对城市的治理也直接涉及城市失业问题、城市财政问题、社会公正问题以及环境保护和质量问题等。

2. 美国推进城市可持续发展

城市经济发展产生的社会问题如何得到解决，针对这一问题，美国有关城市发展理念和模式的研究经历了从早期无限蔓延式发展到基于紧缩城市理论所萌发的新城市主义，再到绿色城市主义思想的逐渐普及，至今积极探索城市的可持续性发展。1993 年克林顿总统发布总统令，成立“总统可持续发展理事会”（简称 PCSD）。经过三年的研究，PCSD 于 1996 年 2 月出台了“Sustainable America：A New Consensus for Prosperity, Opportunity and A Healthy Environment for the Future”的美国可持续发展战略报告，

这份长达185页的有关美国可持续发展战略的报告一共有七章，分别介绍了美国可持续发展的国家目标、信息与教育、人口与可持续性等内容，提出健康与环境、经济繁荣、平等、自然保护、服务管理、可持续发展的社区、市民支持以及人口、国际义务、教育十大可持续发展目标和相应的进步指标。

美国国家可持续发展战略体现在城市规划方面就表现为建设可持续性发展城市，从环境卫生、公共设施、居住质量和交通、能源问题等内容入手，致力于建设一个安全、健康、高质量和令人满意的城市生活环境。在近十多年有关美国城市可持续发展研究中，许多学者不仅提供了大量有关环境与社会发展的文献，并且进行了卓有成效的实例研究，其中包括美国第一批明确的可持续城市大型项目，例如对旧金山由原军事基地 Presidio 转变而来的娱乐区进行复合社区的开发，对洛杉矶居住区 Playa Vista 的内填式再开发，以及结合了环境创新和大都市传统的曼哈顿可持续社区炮台公园（Battery Park City）等。

近十年可持续性发展城市的建设趋向于世界性大都市之间的合作与共同努力，目前美国的几座大城市相继加入 C40，C40 是全世界大城市自发组织起来的一个团体，最初成立该团体的宗旨就是减少温室气体排放、应对气候变化，减缓已经影响城市地区的种种变化，各成员市政府在改善路灯、污水处理、自行车道等日常事务和其他使得城市适宜居住的基础设施方面已经开展运作，为可持续发展做出贡献。C40 在最近 Rio＋20 联合国可持续发展大会（Rio＋20 Conference on Sustainable Development）间隙举行会议并宣布各城市地区有潜力到2030年每年可减少温室气体（GHG）排放10亿吨以上，等于墨西哥和加拿大年度温室气体排放量的总和。纽约市长迈克尔·布隆伯格（Michael Bloomberg）现任该组织主席，他说："由于市长们为减排行动所作的承诺，各城市为减少温室气体排放正取得更大的进步，减缓了气候变化，并使得我们的城市更美好、更适宜居住。我们今天发布的数据进一步证明，这些城市始终是，而且将继续是这方面的先驱。"

美国高层政府认识到高层次、多边协议在应对全球性问题方面的重要性，2012年3月份，美国和巴西总统宣布成立 JIUS，这是一个由美国、巴西和民营部门组成的伙伴合作关系，将为可持续发展中的创新成果提供展示平台，宗旨是把这些用于都市问题的解决方案转移应用到美国以及世界其他城市[118]。

美国主要城市根据城市发展特点，推进可持续发展的措施和成效各有不同。而纽约作为美国乃至世界最重要的城市之一，其推进城市可持续发展的经验和做法值得借鉴。

（二）纽约推进城市可持续发展的经验[119]

1. 纽约概况

纽约市位于美国纽约州东南部，始建于1624年，是美国第一大都市和第一大商港，是世界三大金融中心之首，也是世界的经济中心。纽约市由曼哈顿区、布鲁克林区、布朗克斯区、皇后区和史坦顿岛五个区域组成。

纽约是个只有300多年短暂历史的城市，其最早的居民点在曼哈顿岛的南端，原是印第安人的住地。1686年纽约建市，1773年美国独立战争爆发后，纽约成为乔治·华盛顿的司令部所在地和他就任美国第一任总统的地方，也是当时的临时首都，1776年美国独立战争取得胜利，纽约脱离英国殖民统治，重新纳入美国领土。1825年，连接哈德逊河和五大湖区的伊利运河建成通航，以后又兴建了铁路，沟通了纽约同中西部的联系，促进了城市的大发展。到19世纪中叶，纽约逐渐成为美国最大的港口城市和集金融、贸易、旅游与文化艺术于一身的国际大都会。根据2010年最新的人口普查结果，纽约市区人口为817万余人，是美国第一大城市；纽约大都会区人口有1988多万。纽约是美国少数民族最为集中的地区，拥有来自全球180多个国家和地区的大量移民，黑人有100万以上，主要聚居在布朗克斯区和哈林街区，著名的唐人街现有23万华人，还有众多的意大利人和犹太人。近一个多世纪以来，纽约市一直是世界上最重要的商业和金融中心，也是最重要的世界级城市和全球化的大都市，并且直接影响着全球的媒体、政治、教育、娱乐以及时尚界，与巴黎、伦敦和东京并称为世界四大国际大都会。由于联合国总部设于纽约市，因此其也被人誉为“世界之都”。

2. 纽约发展规划及其可持续发展的目标

2007年，纽约制定了《更绿色、更美好的纽约——2030纽约规划》。这个规划关注城市的物质建设和为未来创造机遇的能力，仔细分析了影响日常生活水平的因素：短缺的住房供给、缺乏娱乐场地的居民区、老化的供水系统和电力系统以及拥挤的道路和地铁，并且针对土地、水、交通运输、能源、空气质量等方面提出了一系列可持续发展的目标，最终目的在于同心协力，创造一个更绿色、更美好的纽约。

土地方面。为了解决日益突出的土地供需矛盾，规划分别就住房、开放空间和棕地三方面提出了不同的可持续发展目标：住房方面，要为大约100万新增的纽约人创建家园，同时保障住房的价格合理性和可持续性；开放空间方面，要确保所有纽约人居住在公园的“十分钟步行圈”内，也即每位纽约人从家步行到公园绿地的时间不超过10分钟，使儿童有空间玩耍；棕地方面，要清理纽约市所有被污染的土地。

水资源方面。城市的发展也使得水资源方面面临两个主要的挑战：保障饮用水的可靠质量以及保障纽约周围水道的清洁性和可用性。为了应对这些挑战，规划提出了两个目标：保留自然水域和减少水污染，从而开放纽约市90%的水道作为市民的游憩场所；提供急需的备用系统以确保老化供水网络长期可靠的运行。

交通运输方面。纽约的成功永远都是由交通运输网络的高效性和规模性驱动的，但过去50年纽约在这方面明显缺乏投资，交通负荷过重这一问题严重阻碍了纽约城市的可持续发展与增长。为此规划提出如下目标：通过为居民、游客、工作者提高客运能力来优化出行时间；纽约历史上首次全面实现道路、地铁和铁路的“良好维修状态”。

能源和空气质量方面。纽约长期以来缺乏协调规划，设备老化问题突出，加之人口压力的持续增加，造成了能源消耗不断增加、空气污染以及温室其体排放等环境问题。为此规划针对能源、空气质量和气候变化问题分别提出了不同的目标：能源方面，升级能源基础设施，为每一个纽约人提供更清洁更可靠的电力；空气质量方面，拥有全美大城市中最清洁的空气质量；气候变化方面，至少实现30%的温室气体减排目标。

3. 纽约的可持续发展经验和做法

2030纽约规划的目的在于引领纽约实现成为21世纪第一个可持续性城市的城市发展目标。规划针对土地、水、空气质量、气候变化、交通、能源六个方面的发展问题，考虑到经济、社会和环境等多种因素提出了一系列的解决措施和办法。这些措施和办法并不是相互独立的，每个举措都可能产生多种效益，甚至有一些是相互依存的。纽约市在实施规划、追求可持续发展的过程中，向全世界提供了全新的发展模式和经验。

(1) 探索新兴的融资渠道以追求经济发展的多元化

经济发展和增长是纽约市发展的引擎，而人口的增长又是纽约市经济增长的重要动力来源。人口的增长将刺激住房价格的上升，同时也会提升对公园和活动场地的需求，加大交通压力。纽约城市可持续发展计划的推进需要大量的资源投入，也就是说对于资金产生大量的需求，为了保障各项措施的顺利推进，纽约市针对每一个提议都制定了相对应的融资方案，有的来自城市财政预算，有的则是通过新兴的融资渠道。在住房方面就提出继续寻求和发展创新性的融资策略来满足不同层次的需求；在交通运输规划方面，建立一个新的区域性交通运输筹资机构即SMART筹资局以推进新的项目和达到良好维修状态。因此，纽约在进行可持续发展战略实施的同时也注意引导经济发展的方式和方向，保持经济的快速增长和城市经济的多样性，为城市的可持续发展提供基础的资金支持和物质保障。

(2) 增加资金和设备的投入以促进土地政策的实施和基础设施的完善

纽约市在保持经济增长的同时，为了应对人口增长和经济发展过程中产生的社会危机和挑战，也制定了如下一系列比较具体的政策和措施。

1) 土地方面：根据土地用途将土地分为住房、开放空间和棕地三种，并且针对不同类型的土地实施了不同的策略。

住房方面，纽约市重新规划公众导向型地区，开展有针对性的经济适用房项目，同时也努力挖掘其他发展机遇。对于公众导向型地区的规划涵盖了公共交通、闲置滨水区、政府机构之间用地共享、旧楼开发新用途等多个层次；在保证纽约市现有经济适用房存量的基础上，继续开发项目，鼓励购房，鼓励私有市场来建设经济整合型社区；开发闲置地区、发掘交通基础设施潜力并且探索在交通运输设施上方搭建住房的机会等。

开放空间方面，纽约市从使用人数量和使用时间上充分提高现有场地的利用率，具体的做法包括开放校园、提供高质量比赛场地、加快公园建设、增加多功能用地、安装新的照明设备等；同时也通过新建社区或改善公共广场以及绿化市容来重新进行公共领域的设计，努力创建积极、健康和美丽的城市公共领域。到 2012 年 4 月，已有 85％的纽约市民居住在公园附近 1/4 英里范围之内，较 2007 年已有很大程度的提升，如果继续推行纽约市关于开放空间的政策，到 2030 年，所有纽约人将都居住在“十分钟步行圈”内。

棕地方面，纽约市通过利用城市资源来改进已有项目的效率，并开发新项目作为补充。通过标准、计划、法律规范和条例的制定以及执行机构的建立、资金的投入，在更多社区参与和更有效确认污染的基础上，促进现有棕地项目快速高效的实施，确保重新利用纽约市所有棕地以应对未来的土地挑战。这些项目的实施过程中，纽约市遵循的主要依据是美国在 2002 年颁布的《小企业业责任减免及棕地再生法》和 2000 年美国环境保护局（EPA）实行的棕地经济振兴计划等。纽约市的棕地规划与政策还是取得了诸多进展。

2）基础设施方面：城市基础设施的老化也是纽约可持续发展进程中的另一大挑战，纽约市针对供水网络、交通运输以及能源三方面也实施了一系列政策。

供水方面，纽约市在保证饮用水质量的基础上建造备用输水管道，通过输水隧道的建设以及升级供水设施来提高市内配水系统的运行效率。通过投资这些关键的备用输水系统，纽约市更有效地利用了现有资源来确保下个世纪水源供给。到 2012 年，纽约市的基础设施得到了很大程度的升级，水资源的利用率有较大提升。

交通运输方面，纽约市扩建交通基础设施，包括公路设施和铁路设施，扩展公共交通的可达性；改善和扩展现有基础设施的客运服务和客运可达性；努力减少交通堵塞，改善交通流量，例如试行交通堵塞费、加强交通违规的管制等等；同时也促进渡轮、自行车等其他公共交通的可持续发展模式；投入资金和设备来保证道路和客运系统的良好维修状态。经过资金和设备的投入，纽约市各项交通指标都呈上升趋势，如保持良好维修状态的桥梁百分比、道路百分比、交通中转站百分比等等。

能源方面，纽约市建立能源规划局和能源效率机构，加强能源和建筑规范，优化激励机制，开展节能教育和培训；另外还投入大量资金改建电力设施，促进电力传输基础设施的现代化，支持天然气基础设施的扩建和扶持以及促进可再生能源的发展，来增加城市清洁能源的供给。纽约市使用了温室气体的排放、用户平均停电持续时间（CAIDI）和系统平均停电频率（SAIFI）来衡量其实施效果，到 2012 年城市温室气体的排放一直呈下降趋势，但用户平均停电持续时间（CAIDI）有所上升，这有悖于最终将 CAIDI 下降的目标，不过系统平均停电频率（SAIFI）整体下降了，还是符合能源发展规划的总体目标的。

（3）促进节能减排、提高资源利用率以保证居住环境的质量

居住环境的提升是2030纽约规划的一项关键内容，也是纽约城市可持续发展的战略目标。纽约市从水质、空气质量和适应气候变化三个角度出发提出了战略目标，实施了具体的举措。

水质方面，纽约市继续实行基础设施的升级改造，寻求防洪的解决方案，并且大范围推广、跟踪和分析新型最佳管理实践（BMPs）。具体的措施有制定长期控制性计划、扩大污水处理厂雨天处理能力、捕捉开放空间规划中的效益、试行有效地最佳管理实践、保护湿地、提供建造绿色屋顶的激励机制、规定停车场绿化等等。纽约市测量了纽约港的大肠菌群比率和溶氧率，到2012年，纽约港的大肠菌群比率总体上升，溶氧率一直处于持平状态，这就说明在于水质的改善上成效还不是很明显。

空气质量方面，纽约市提高空气质量的重点在于实现减排和低碳，包括交通工具的减排和建筑物的减排，其中比较重要和核心的举措便是清洁能源的使用和减排技术的运用，配合捕捉交通运输规划和能源规划中空气质量的效益开展地方协作性空气质量研究来明确空气质量问题。同时也依赖植树造林的自然途径。纽约市主要采用了PM2.5平均值的变化和城市排名，2012年实施报告显示这两项指标都呈下降趋势，纽约市的PM2.5平均值下降，城市空气质量改善，但与其他城市相比，PM2.5平均值的改善状况还是略逊一筹，这与纽约市成为全美空气质量最高的大城市的目标还是有一段距离的。

气候变化方面，纽约市创建保护城市重要基础设施的政府工作小组，扩大战略适用范围，与弱势社区合作来开发针对性的区域性战略，制定综合全面的气候变化政策，创建战略规划，修改建筑规范从而实现覆盖全市的战略规划的启动。纽约市应对气候变化的战略机制主要是遵循《美国清洁能源安全法案》各项目标和标准。纽约市的这些计划的实施成效还是比较明显的，到2012年温室气体的排放各项指标都在不断下降，城市的气候在不断好转。

（4）增加就业、落实医疗和教育以完善社会保障

社会保障事业的发展也是城市可持续发展的重要组成部分，就业、医疗、养老和教育涉及成千上万居民的生活，也关系着社会的长远发展。2010年12月8日，纽约市长布隆伯格推出一项“通向经济复苏和创造就业的六步骤”的新计划，目的在于降低失业率，促进经济增长，并且于2011年在纽约市新增10个就业服务中心，帮助3.5万人解决就业问题。同时，纽约市也不断改善医疗条件，致力于提升卫生服务质量，其中比较重要的一项便是按照美国医疗机构评审联合委员会（JCAHO）建立的JCI质量体系对医院质量的评审。

在教育政策上，纽约市实施12年义务教育，6岁到19岁为义务教育阶段，为促进基础教育的发展，纽约市在美国教育法案的基础上先后推行了以学校责任制为核心的“学童优先”教育改革和“多样性教育项目”，赋予校长更多权力，实施“公平学生资金”资助政策，建设优秀教师队伍，帮助移民学生适应学校生活等政策，纽约市的基础教育在这些措施的深入推进下朝着优质均衡的方向快速发展。总之，纽约市的社会保障状况在这一系列改革措施和法案的实施下不断改善，城市也在经济、社会、环境和基础设施不断发展的进程中朝着可持续发展的目标不断迈进。

（三）标准通过支持公共政策推进城市可持续发展

在实施可持续发展战略、推进可持续性城市建设进程中，美国通过制定相关标准，满足城市可持续发展需求。美国政府鼓励在公共政策的制定时纳入民间组织的标准化成果，通过更具技术性内容的标准来促进公共政策的科学性和合理性，使得公共政策更能在宏观调控和微观管理层面实现可持续性发展目标。

土地使用方面。美国国家游憩与公园联盟曾在《游憩地、公园及开放空间标准与导则》中对开放空间的分类提出了相应标准，整个体系在纵向上强调开放空间与城市各个区块在尺度和功能上的相互关系，同时在各类开放空间的规模与服务半径方面也给出了较为明确的规定，提出邻里单元中的公园及游乐场的服务半径应在400m～800m之间，面积在4000m^2～60000m^2之间。包括纽约市在内的美国城市所提出的“十分钟步行圈”都以此为基础。

基础设施建设方面。美国提出所有基础设施建设都应遵循的标准主要包括AASHTO发布的“公路路线设计标准”和“公路安全设计和运营指南”（俗称“绿皮书”和“黄皮书”）；FHWA发布的“交通控制设施手册”以及TRB发布的“公路通行能力手册”设定的各项指标。从事公路施工养护的技术人员应当遵循“道路桥梁养护手册”和“公路桥梁标准规范”等等设定的标准。在铁路交通基础设施建设方面纽约市也是在美国制定的诸多标准之下运行的，美国运输部联邦公共交通管理局于1995年发布了《联邦公共交通工程噪声、振动环境影响评价指南》，根据该指南，美国城市轨道交通工程环境影响评价标准是以轨道交通工程实施前后其所在区域环境级的增加值为基础，根据工程影响区域的具体土地利用类别确定标准值[120]。

能源方面。1975年开始美国就有了能源政策和保护的法律，美国关于能源效率的法律有很多，器具和商用设备能效标准法律等一系列法律的制定，确立了联邦器具和设备必须符合能源效率标准，并授权美国能源部（DOE）负责测试及制定、复审、修改、发布这些标准。例如“能源之星”便是美国能源部发给产品在能效水平上满足现阶段能效要求的上市照明产品使用的一种标志，是一种代表其实符合绿色环保产品标准的标志，

“能源之星”中对于SSL灯具有着一系列的具体标准与要求。交通能效方面，美国加大了对先进汽车和燃料技术、公共交通及《复苏法案》中的高速铁路的进行历史性投资，并为汽车和卡车制定新的燃油经济性标准——争取到2016年把平均燃油经济性标准提高到每加仑35.5英里，并且在被该标准覆盖的车辆的使用周期内节省18亿桶石油。

环境管理方面。水质上，美国的饮用水水质标准，国家一级饮用水规程(NPDWRs或一级标准)是法定强制性标准，适用于公共给水系统，限制了公共给水系统中有害污染物的浓度；国家二级饮用水规程(NSDWRs或二级标准)为非强制性准则，控制对人体外形或感官有影响的污染物浓度。空气质量上，美国控制空气质量的依据是环境保护署(EPA)不断修订《清洁空气法》和配套标准。根据美国空气质量标准，空气质量分为两级：一级标准以保护人体健康为主要对象，包括对“敏感”人群健康状况保护，如哮喘病患者、儿童、老年人等；二级标准以保护自然生态及公众福利为主要对象，包括防止能见度降低和防止对动物、庄稼、蔬菜及建筑物等的损害。在这一宏观标准下，还对污染物(包括PM10、PM2.5、二氧化硫、一氧化碳、汞、二氧化氮、臭氧)给出了控制限值，尤其是2008年之后，EPA公布了更为严格的空气铅含量标准，依据这一标准，每立方米空气中的铅含量不能超过0.15μg。

气候变化方面。美国城市必须遵循《美国清洁能源安全法案》各项目标和配套标准。在衡量碳排量的标准上，美国的碳足迹与标识主要包括Carbon Fund的Carbon Free标识、非政府组织Carbon Counted的碳标识体系(Carbon Label System)；Timberland公司的绿色指数标签(Green Index Tag)等，这些行动依托包括PAS2050、WRI-WBCSD的温室气体议定书及自主制定的标准。

社会保障方面。医疗质量上，美国城市的多数医疗机构都要遵循美国医疗机构评审联合委员会(JCAHO)所制定的医院服务和管理标准，该标准并通过评价医疗机构是否符合其标准来保证病人得到高质量的服务。教育上，美国没有全国统一的教育标准，都由各州制定具体的目标和教学方案，但各地依据全国数学教师理事会(NCTM)公布的“教育计划提纲”制定教学大纲，而且其他相关专业和行政部门也以其作为自己的参照标准。

第四章 我国城市可持续发展标准化研究

一、我国城镇化发展趋势及主要问题

（一）我国城镇化发展阶段和趋势分析

根据考古发现，迄今为止我国最早的古城是6500年前的城头上古城，总占地面积15万m^2[121]。从19世纪下半叶到20世纪中叶，由于受到世界列强的侵略，以及受到军阀割据的困扰，导致中国城镇化的发展不均衡。建国之初，我国的城镇化率仅为10.64%；到2011年，城镇化率首次超过50%，达到51.27%；截至2014年底，我国城市人口7.49亿人，占总人口的54.77%[122]。根据我国城镇化率统计数据，结合我国经济社会发展情况，我国的城镇化基本可以分为四个阶段，如图36所示。

第一阶段是1949—1960年，经历我国国民经济3年恢复时期、"第一个五年计划时期"、早期的"大跃进时期"，在大批工业建设带动下，我国城镇化率从1949年的10.64%提升至1960年的19.75%，年均增长0.828个百分点。第二阶段是1961—1978年，经历"大跃进时期"和"文化大革命时期"，受到"三线建设"等影响，我国出现"逆城镇化"现象，城镇化率从1960年开始下降，到1978年仅为17.92%，年均下降0.081个百分点。第三阶段是1979—1999年，改革开放后，我国沿海沿江地区经济发展迅速，城镇化率从1979年的19.99%增加至1999年的30.89%，年均增长0.574个百分点。第四阶段是2000年至今，随着改革开放的深入发展，城镇化纳入国家战略，我国城镇化进入快速发展阶段，城镇化率从2000年的36.22%增加到2014年的54.77%，年均增长1.427个百分点。

未来一段时间，我国城镇化将稳步发展，根据联合国经济社会局和中国科学院中国现代化研究中心分别预测，到2020年中国城镇化率将达到61%、61.2%，到2050年将达到75.8%[123]、80.8%[124]，如图37所示。

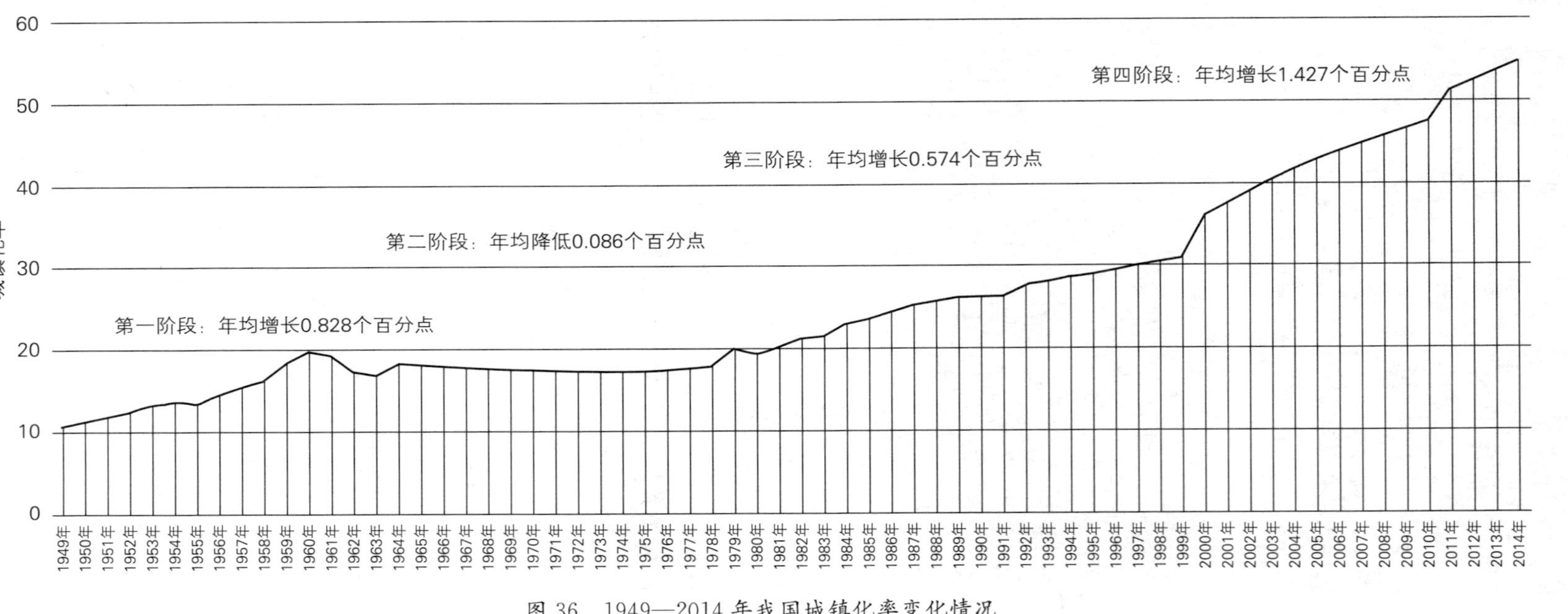

图 36 1949—2014 年我国城镇化率变化情况

注：数据来源——国家统计局。

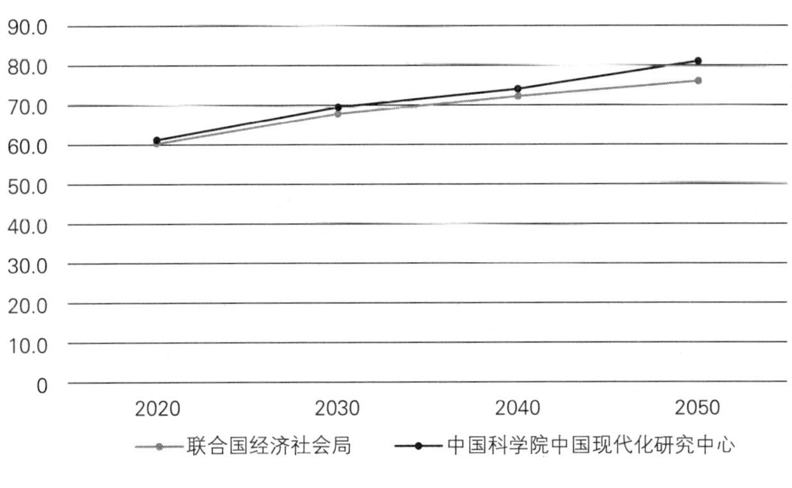

图 37 2020—2050 年中国城镇化发展预测

（二）我国城镇化面临的主要问题

英国、德国、日本、墨西哥、韩国的快速城镇化发展阶段的持续时间分别为在 100 年、80 年、65 年、45 年和 35 年之间，快速城镇化段也是各种矛盾集中爆发时期[125]。我国正处于快速城镇化阶段，推进城市可持续发展过程中，经济、社会、环境等面临着诸多问题。.

1. 经济增长驱动有待改善

国内居民消费（内需）、政府投资和对外贸易，是经济增长的三驾马车，三者相互依存、相辅相成、缺一不可，需要形成可持续的经济增长机制。

近几年，“三驾马车”在经济增长中的结构和地位发生了明显变化。一是投资不断增加。改革开发以来，我国的投资率总体呈上升趋势，尤其在 2000 年之后，投资迅速增长。2000 年我国的资本形成率为 35.3%，到 2013 年该数据已升至 47.8%。二是对外贸易增长放缓。2004 年到 2007 年是我国对外贸易增长的“黄金时代”，而自 2008 年世界经济危机后，我国货物和服务净出口鲜有增长，仅维持在 2008 年的 60% 左右。三是消费率逐步降低。改革开放初期，我国消费率一直在 60% 以上，并于 1981 年达到峰值——67.1%。然而，自此以后，消费率逐步下降，2007 年起已低于 50%。消费不足问题已逐渐显露。

投资、外贸、消费三者之间保持动态协调，对于实现经济的平稳较快增长至关重要，因而如何调整好这三个要素之间的关系是国家宏观调控的重大课题。十八大报告指出，推进经济结构战略性调整是加快转变经济发展方式的主攻方向，经济发展要更多依靠内需特别是消费需求拉动，加快建立扩大消费需求长效机制。在北京举行中央经济工作会议对新常态下消费、投资和出口这“三驾马车”给出了新的任务[126]。从消费需求看，过去我国消费具有明显的模仿型排浪式特征，现在模仿型排浪式消费阶段基本结束，个性化、多样化消费渐成主流，保证产品质量安全、通过创新供给激活需求的重要性显著上升，必须采取正确的消费政策，释放消费潜力，使消费继续在推动经济发展中发挥基础作用。从投资需求看，经历了30多年高强度大规模开发建设后，传统产业相对饱和，但基础设施互联互通和一些新技术、新产品、新业态、新商业模式的投资机会大量涌现，对创新投融资方式提出了新要求，必须善于把握投资方向，消除投资障碍，使投资继续对经济发展发挥关键作用。从出口和国际收支看，国际金融危机发生前国际市场空间扩张很快，出口成为拉动我国经济快速发展的重要动能，现在全球总需求不振，我国低成本比较优势也发生了转化，同时我国出口竞争优势依然存在，高水平引进来、大规模走出去正在同步发生，必须加紧培育新的比较优势，使出口继续对经济发展发挥支撑作用。

因此，优化“三驾马车”结构需要从以下三个方面做出调整：一是优化政府投资，简政放权，创造良好投资环境，利用政府投资引导社会投资方向；二是加强技术创新和服务创新，加大高新技术产品和服务的出口，调整贸易结构，增强对外贸易竞争力；三是通过扩大就业、增加居民收入、健全社会保障体系提高居民消费能力，改善消费环境、提高产品和服务质量、保护消费者合法权益刺激国内居民消费。

2. 社会包容性不强，公共服务均等化亟待提高

“社会包容”是一定社会中的不同阶层、不同群体之间平等地分享社会资源。包容性社会本质上是公平的社会。社会包容性不强主要体现在社会不同阶层在经济、文化、社会资源的不公，公共服务均等化亟待提高。城市中的社会不公现象主要体现为贫富两级分化、公共服务分配不均、社会主体风险地位不平等。

贫富两极分化。随着我国经济的发展和人民生活水平提高，社会贫富差距日渐扩大，在城市中尤其如此。贫富差距既表现为工资等收入差距的扩大，还表现为财富占有的不平等[127]。贫富差距是市场经济发展到一定阶段的产物。一定程度上的贫富差距是必要的，完全均等的社会不但难以实现，也会丧失社会经济活力。但任凭贫富差距的扩大会导致极端现象——两极分化。根据国家统计局的数据，2014年我国基尼系数为0.469，与其他国家还有很明显的差距。据2014年世界银行发布的基尼系数世界地图显示，欧美等发达国家基尼系数约在0.25到0.35之间。

公共服务分配不均。公共服务的均等化是指政府要为公众提供基本均等的公共产品和公共服务，例如基础教育、医疗卫生、社会保障等。但目前，城市中公共服务的不均等已很普遍，尤其是在北京、上海这样的大都市。以基础教育为例，2014年北京市实施了新的非北京籍孩子幼升小、小升初政策，严格了“五证”的审核力度，导致不少学生因为“五证”不齐等问题面临失学的可能。

风险地位的不平等。人们共同生活在一定的社会中,享受社会利益,也承担社会风险。在理想的社会中,社会主体共享社会利益,均担社会风险。然而,现实是人们常常因为社会地位、经济地位的不平等面临不同的程度的风险。也就是说,人们因不平等的社会地位所遭受到的风险程度不一,相应造成了他们社会地位、经济地位的不平等。然而,处于不同的经济、社会地位中的群体应对风险的能力亦有参差,如此往复便形成经济、社会与风险不平等的彼此循环[128]。

增强社会包容性,首先要调整收入分配,缩小贫富差距,尤其是要对低收入者进行扶持,健全社会保障机制,增强低收入群体的风险抵御能力。其次要增加公共资源投入,实现公共服务均等化。增加对中小城市公共资源的投入,让中小城市资源更丰富,更具吸引力,以缓解大城市人口压力。

3. 资源利用效率低,生态环境有待改善

改革开放以来,我国的快速城镇化是粗放型的城镇化,是以资源浪费、环境污染为代价的。我国的资源消耗量大,资源利用效率低。2013 年,我国能源消费总量已达到 375000 万吨标准煤。面对如此巨大的能源消费,我们的能源利用效率并不高。2010 年我国单位 GDP 能耗为 1.034 吨标准煤,是日本的 7 倍,美国的 3.5 倍,印度尼西亚的 1.7 倍。虽然近年来我国单位 GDP 耗能在下降,2014 年更是达到了 4.8%的下降率,但与其他国家相比,我国的能源利用效率仍然有很大的进步空间。在能源结构方面,我国目前主要依赖传统能源,对新能源的利用还很不足,2013 年,我国新能源消耗量仅占能源消耗总量的 9.8%。

我国的城市环境污染问题严重,包括大气污染、水污染、光污染等。根据《全球环境竞争力报告(2013)》,2012 年中国环境竞争力在全球 133 个国家中排在第 87 位,其中生态环境排名倒数第十。在所有的污染中,大气污染问题是最近几年的热点。有报告显示,中国最大的 500 个城市中,只有不到 1%的城市达到世界卫生组织推荐的空气质量标准,世界上污染最严重的 10 个城市有 7 个在中国。大气污染对城镇化进程有很大的威胁,不仅危害建筑、植物,更对人体健康产生巨大危害。

缓解城市生态环境压力,建设可持续发展城市,要加大新能源和节能产品的利用。新能源具有资源丰富、可再生、对环境影响小的特点,具有很大的开发利用前景,其开发利用能减少对传统能源的依赖,降低碳排放,能从根本上缓解资源和污染问题。而节能产品能直接提高能源利用效率。新能源的开发和节能产品的利用相结合,从“开源”和“节流”两个角度增强了经济效益,降低了污染。此外,各城市还应形成低碳、绿色生活方式的氛围。在城市文化建设中,将低碳生活赋予新的内涵,让其成为时尚、潮流和高品质生活的象征,有助于带动整个社会养成低碳的消费习惯,从而通过市场的调节作用拉动低碳经济的形成。

4. 城市盲目扩张，城市规划、建设有待改进

经过30年的城镇化，几乎每一个城市的发展思路都局限于拿地造城，扩大城市规模。2013年，国家发改委城市和小城镇改革发展中心对12个省区进行了调查，12个省会城市全部提出要推进新城新区建设，共规划建设了55个新城新区[129]。然而，城镇人口并没有实现相应增长，“土地城镇化速度明显快于人口城镇化速度”[130]。2013年，我国城镇人占53.73%，增长2.2%，而城市建成区面积比上一年度增长5.0%，建设用地面积增长3.0%。

城市盲目扩张为城市带来了很多问题。过度看重土地城镇化导致城市规模的扩大超过实际需要。很多城市房屋闲置率高，导致土地资源的浪费。部分城市甚至成为“空城”或“鬼城”，如鄂尔多斯。新城区人口密度过低，缺乏劳动力和消费者，又使城市经济难以发展。这样，被纳入城镇人口的农民既失去了土地，也无法在城市中获得稳定的收入，难以融入城市生活。某些城市不断扩充空间形成巨型城市，致使通勤时间过长，城市交通堵塞。巨型城市随着其人口的流入，会导致更多的社会问题，如城市贫困、公共服务资源稀缺等，从而爆发城市病。

因此，走中国特色新型城镇化道路，必须坚持以人为本，以增进城乡居民福祉为出发点和落脚点，高度关注民生和社会问题，加快推进农业转移人口市民化进程，促进城乡居民机会均等和成果共享，走平等、包容、安全的和谐型城镇化之路[131]。走中国特色新型城镇化道路，必须控制城市规模，发展中小城镇，形成城市群。在以“新常态下的中国经济”为主题的“中国发展高层论坛2015”年会上，中国工程院主席团名誉主席徐匡迪院士发表了对我国城市建设的意见，认为我国已经是世界上大城市、特大城市最多的国家，新型城镇化必须严格控制特大城市的盲目扩张，发展中小城镇。

5. 城市综合管理能力不高，城市治理能力亟待改善

城市综合管理就是将城市系统中的各个子系统综合在一起，从整体的层面，通过多种手段提高城市的管理效益，发挥城市的整体功能。党的十八届三中全会之后，中央提出了“国家治理”的新提法。管理和治理虽然只有一字之差，其理念却大不相同。治理强调国家、社会、个人等多元主体的参与，既包括自上而下的管理，也包括主体内部的自我管理、各群体之间的监督约束等。推进国家治理体系和治理能力现代化，落实到城市体制上，就是要实现“城市管理”向“城市治理”的伟大跨越。这要求在城市治理过程中各利益相关方都成参与到城市公共事务的决策和执行中，发挥各自的优势，相互协调、沟通、合作，从治理的对象成为治理的主体。城市治理还要将城市治理活动进行规范，使得多元化的治理主体能依照规范对城市进行有序的治理。与此同时，各治理主体在遵守制度的前提下，充分发挥主观能动性，灵活地进行治理。

二、我国城市可持续发展标准体系的构建[132]

（一）城市可持续发展的内涵

1. 城市

城市是以非农业产业和非农业人口集聚形成的较大居民点(包括按国家行政建制设立的市、镇)。城市是人类文明的主要组成部分,城市也是伴随人类文明与进步发展起来的。城市的出现是人类走向成熟和文明的标志。农耕时代,人类开始定居;伴随工商业的发展,城市崛起和城市文明开始传播。真正意义上的城市是工商业发展的产物。工业革命之后,城镇化进程大大加快了,由于农民不断涌向新的工业中心,城市获得了前所未有的发展。到第一次世界大战前夕,英国、美国、德国、法国等国绝大多数人口都已生活在城市。截至2011年底,英国80%的人口、美国82%的人口,德国74%的人口、法国86%的人口生活在城市[133],城市对每个国家都至关重要。

2. 可持续发展

1972年,联合国在斯德哥尔摩召开的第一次世界性的人类环境会议,提出"为了这一代和将来的世世代代的利益"作为人类共同的信念和原则,这是日后可持续发展理念的重要源泉。1980年,联合国向全世界发出呼吁:必须研究自然的、社会的、生态的、经济的以及利用自然过程中的基本关系,确保全球持续发展。1983年,联合国组建了世界环境与发展委员会,并于1987年发表题为《我们共同的未来》的研究报告,正式提出了可持续发展的概念:既满足当代人需求,又不对后代人满足其需要的能力构成危害的发展。1992年联合国环境与发展大会和2002年可持续发展世界首脑会议为标志,可持续发展从理念走向战略和实施,并进一步明确了可持续发展概念及其战略的内涵,即经济增长、社会进步、环境保护是可持续发展的三大支柱,社会与经济发展必须与环境保护相结合,以确保世界的可持续发展和人类的繁荣。

3. 城市可持续发展

根据"城市"和"可持续发展"的定义和内涵,城市可持续发展是指"既满足在城市内生活的拥有共同认识和利益的人的发展需求,又不对其后代人满足其需要的能力构成危害的发展。"城市可持续发展是在任一类型城市实现经济增长、社会进步和环境保护同步发展。

（二）城市可持续发展标准体系的指导思想与原则

1. 指导思想

以邓小平理论、“三个代表”重要思想、科学发展观为指导，深入贯彻落实党的十八大精神，按照“五位一体”总布局，以提高城市可持续发展能力，促进城镇化发展方式转变为目标，强化标准化对城市可持续发展的技术基础和引领作用，形成理念先进、系统协调、重点突出、注重实践的城市可持续发展标准体系，有力支撑我国城市及下属区域可持续发展，推动我国城市化健康发展。

2. 城市可持续发展标准体系建设原则

城市可持续发展标准体系建设应遵循以下原则：

一是理念先进。城市可持续发展标准体系要与国际社会关于“可持续发展”的原则和方法保持一致，确保其理念先进。且根据国标委批复，全国城市可持续发展标准化技术委员会对口 ISO/TC 268。因此，城市可持续发展标准体系要与 ISO/TC 268 的工作范围接轨，并结合我国城市可持续发展实践提出。

二是系统协调。统筹城市可持续发展标准化的目标和任务，制定主次分明、分布合理、系统协调的城市可持续发展标准体系，与现有涉及城市可持续发展相关标准兼容，有计划、有步骤地推进城市可持续发展标准化工作。

三是重点突出。城市可持续发展涉及到城市经济、社会、环境、基础设施、文化等方方面面，城市可持续发展标准体系的重点是城市可持续发展的管理、评价和优化方法标准。

四是注重实践。城市可持续发展标准是引领我国城镇化进程的重要技术工具，要确保遵循“从实践中来，到实践中去”的原则，总结提炼我国城市可持续发展的先进经验和成熟做法，通过标准向全国、乃至全世界推广实施，并通过实施不断完善相关标准，推动螺旋式上升和改进，有力支撑我国城镇化健康发展。

（三）城市可持续发展标准体系构建思路

1. 城市可持续发展标准体系建设依据

建设城市可持续发展标准体系主要依据如下：一是联合国关于可持续发展的定义和方法，以及我国推进可持续发展的三大原则：坚持经济发展、社会进步和环境保护三大支柱统筹原则，坚持发展模式多样化原则，坚持“共同但有区别的责任”原则。二是《全国资源型城市可持续发展规划（2013—2020）》、《国家新型城镇化规划（2014—

2020年)》等我国推进城市可持续发展的政策、规划、相关法律法规等。三是ISO/TC 268的工作范围和相关标准。四是我国城市可持续发展的实际需求。

2. 城市可持续发展标准体系框架

城市可持续发展标准体系结构是编制城市可持续发展标准体系的基础,体现城市及下属区域等专业门类的划分及可持续发展专业内容上的划分,从而方便地描绘出城市可持续发展标准的体系结构和层次结构(见图38)。

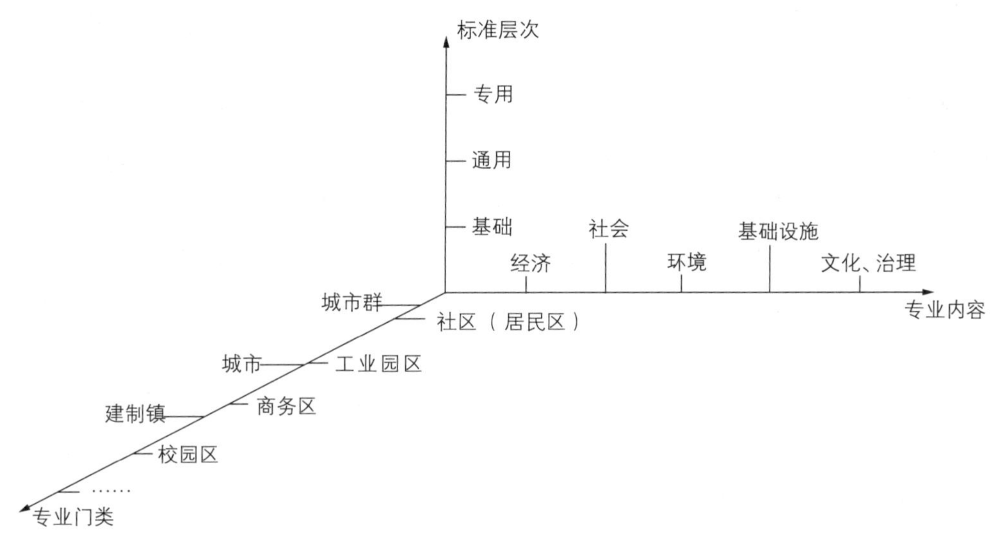

图38 城市可持续发展标准体系结构图

标准层次方面,分为基础、通用、专用标准三类。

专业门类方面,依据我国将城市分为城市和建制镇,其中,城市按照功能基本可以分为综合型城市、资源型城市(矿业城市、森工城市)、旅游城市、港口城市等;而城市下属区域按照功能可分为社区(居民区)、工业园区、商务区、校园区、港口区等。

专业内容方面,根据可持续发展的内涵,包括经济、社会、环境、基础设施、文化与治理,与我国提出的"五位一体"基本保持一致。

3. 城市可持续发展标准体系框架

按照城市可持续发展标准体系结构图,根据2015年4月2日国标委批复筹建全国城市可持续发展标准化技术委员会(标委办综合[2015]51号)的要求,城市可持续发展标准化技术委员会对口ISO/TC268,负责城市可持续发展管理体系、要求、指南和相关标准(不含城市建设标准)。开展城市可持续发展标准化研究,必须加强基础性、通用性标准的研究和制定,为不同规模和类型的城市提供支撑技术和工具,包括管理体系、要求、指南和相关标准,而不涉及城市发展建设方面的具体技术及其标准。结合目前ISO/TC 268城市可持续发展标准化技术委员会国际标准进展情况,以及我国涉及可持续发展相关标准发展情况，在充分调查研究的基础上，按照标准体系的构建原则和方法，我们提出了城市可持续发展标准体系，包括基础标准、通用标准以及专用标准四个部分：

（1）基础标准

目前，本体系的城市可持续发展标准化工作尚处于起步阶段，需要加强基础性标准的规范和引导作用。基础标准包括城市可持续发展的名词术语（ISO 37102）、图形标识、城市模型、城市分类、标准体系等。

（2）通用标准

包括城市可持续发展管理体系标准、城市可持续发展评价体系标准、指南和其他标准。其中，城市可持续发展标准管理体系标准（ISO 37100 系列）包括基本原则和要求、绩效指标、服务周期计划、生命周期成本等；城市可持续发展评价体系标准包括潜力评估、状态评估（ISO 37120）、综合绩效评估（可持续发展）等，评价城市可持续发展状态可从城市可持续发展的角度出发，如低碳、智慧、恢复力等；城市可持续发展指南包括针对管理者、运营者、相关企业、市民等不同利益相关方的指南。

（3）专用标准

专用标准包括针对城市和城市下属区域推进可持续发展所需的标准，包括管理体系实施指南、可持续发展框架、评价方法、优化方法等。

具体按照专业门类和专业内容划分：包括城市群、城市、建制镇，及其下属的功能区域。对城市而言，依据其性质和功能将城市分为综合型城市、资源型城市、旅游型城市、工业型城市、港口城市等；对城市下属区域，依据其性质和功能分为社区（居民区）、工业园区、高新技术开发区、商务区、旅游区、校园区、港口区等。对城市可持续发展的主要内容，包括经济、社会、环境、基础设施、文化与治理。

（4）相关标准

包括与城市可持续发展直接相关的其他标准，如质量管理体系标准、环境管理体系标准、能源管理体系标准、社会责任、城市可持续发展数据收集、处理、分析方法和工具标准等。

三、近期我国城市可持续发展标准化研究的重点

结合城市可持续发展国际标准化工作重点和我国城市可持续发展的实际需求，近期我国城市可持续发展标准化研究的重点是建立和完善城市可持续发展标准体系，其中城市可持续发展评价标准体系是重中之重[135]。

（一）城市可持续发展评价是国内外研究的重点

20世纪末期，西方发达国家的城市发展进入了一个瓶颈阶段，为了克服历年来城镇化进程中积累下来的诸如人口、环境等方面的问题，美国、加拿大、欧盟等发达国家和地区开始提出基于本国国情的城市评价指标体系。随着全球城镇化进程的加快，联合国、世界银行、经合组织等国际组织也开始关注城市发展。联合国曾指出“迅速扩大的城市空间需要实现环境可持续性，提高能源和资源使用效率，具备灾难复原力，解决贫民窟的物资匮乏问题和其他问题，并且能确保所有城市居民获得廉价能源和基本服务，并为他们创造体面地工作和生计[136]。”为了推动城市可持续发展，联合国人居署、联合国环境规划署、联合国教科文组织、世界卫生组织、经合组织、亚洲开发银行、欧盟等纷纷围绕各自负责工作范围提出了城市评价指标体系[39]。国外学者从经济学、环境学、生态、社会公平及伦理学等不同角度对可持续发展评估进行研究，如莫法特等人在经济和社会研究理事会全球环境变化项目(GEC)的资助下，针对苏格兰开展的可持续发展的定量化和模型化研究，利用系统动力学模拟可持续发展，提出了可持续发展政策的经济模型[137]。

近年来，推动城市可持续发展是党和国家政策关注的重点，其中如何评价城市发展状态是政策的核心。国家“十二五”规划纲要中明确提出“统筹城乡发展，积极稳妥推进城镇化，加快推进社会主义新农村建设，促进区域良性互动、协调发展”的要求，提出要按照推进城乡经济社会发展一体化的要求，搞好社会主义新农村建设规划，加快改善农村生产生活条件。“十二五”技术标准专项规划中第五项优先主题中的城乡管理与服务明确提出“推动城市管理绩效评价、城乡公共服务信息有效利用技术标准研究与试点应用，提高公共服务能力，促进城乡协调发展与保障民生”的要求。十八届三中全会的《中共中央关于全面深化改革若干重大问题的决定》明确提出“完善发展成果考核评价体系，纠正单纯以经济增长速度评定政绩的偏向，加大资源消耗、环境损害、生态效益、产能过剩、科技创新、安全生产、新增债务等指标的权重，更加重视劳动就业、居民收入、社会保障、人民健康状况。”的要求。因此，开展城市可持续发展标准体系研究是落实国家“十二五”规划，加强城市管理、落实可持续发展战略的重要技术手段，是落实“十八大”报告“形成符合科学发展要求的体制机制”、十八届三中全会“完善发展成果考核评价体系”，以及《国家新型城镇化规划》中所提出的“健全检测评估”实施措施的重要举措。

（二）城市可持续发展评价标准体系的思考

城市可持续发展评价体系标准是城市可持续发展标准体系的重要组成部分。如前所述，城市可持续发展评价研究在国内外已开展较多，ISO/TC 268 将城市可持续发展评价作为国际标准研制的重点。结合我国城市可持续发展的实际情况，我们认为城市可持续发展评价标准从城市可持续发展的目标设定、发展状态、试行效果等环节出发开展研究。因此，城市可持续发展评价标准体系应包括以下几个方面：

一是围绕城市可持续发展目标设定方面，针对不同地域城市的环境资源状况，运用可持续发展潜力评估原理，完善 STARS（Sustainable Technical Assessment Ranking System）评价体系，综合利用生态足迹、碳排放、水足迹、环境容量、环境敏感性等资源环境测算方法，完成政策诊断、禀赋诊断和潜力诊断，形成针对不同场地现状特征的数字化模拟诊断模型[138]。在此基础上，研制《城市可持续发展　可持续发展潜力评估方法》标准。

二是围绕城市可持续发展状态方面，要系统分析世界银行、世界卫生组织、经合组织和欧盟等组织关于城市发展评估指标研究，特别是 ISO 37120《城市可持续发展及恢复　关于城市服务和生活质量的指标》国际标准中的各项指标，结合我国城镇化发展的实际情况，研究制定城市可持续发展状态评价系列标准。其中，修改采用 ISO 37120国际标准，提出符合国际通行做法和我国实际情况的城市指标体系，制定《城市可持续发展　指标体系》标准；在指标体系研究基础上，从经济、教育、能源、环境、财政、应急能力、治理、健康、休闲、安全、居住、废弃物、通信、创新、交通、规划、水和涉水卫生等方面研究提出相关指数，形成多角度、多层面的指数，以帮助不同类型城市管理者了解城市可持续发展状态，制定《城市可持续发展　指数》标准；为规范城市可持续发展评价工作，加强城市可持续发展评价的管理，需要对城市可持续发展评价的管理要求、基本程序、评价对象、评价内容等提出明确要求，因此需要研究制定《城市可持续发展　评价通则》国家标准；为帮助不同类型城市定期发布其城市可持续发展评价报告，向社会各界公布其年度可持续发展状况，对城市可持续发展评价报告的格式和基本内容做出基本要求，研究制定《城市可持续发展　评价报告》标准。

三是围绕城市可持续发展绩效评价方法研究。可持续发展是城市发展的最终目标，如何评价城市可持续发展的绩效，我们认为应该从“经济、社会、环境”两两交叉的地方着手开展评价工作。在环境约束条件下的经济发展质量评价，通过研究建立生态系统核算框架，提出 GEP 的核算方法，利用该方法评估城市生态系统运行总体状况，及其在生态保护、人类福祉和经济发展方面的作用和贡献，在此基础上研究提出《城市可持续发展　生态系统生产总值（GEP）计算方法》标准。此外，还可考虑从社会、经济角度出发，衡量城市居民、城市区域发展的公平性。

（三）城市可持续发展潜力评估方法①

城市可持续发展潜力评估方法通过以模型定量分析与部分定性分析的方式，结合城市的不同发展时期的政策要求和技术发展水平，综合城市自身的资源禀赋，得出不同城市可持续发展社会、经济、资源、环境各方面的最优潜力。用户可以根据本方法结合自身实际，进行顶层设计、诊断测算、规划实施、监测评价分析，完成合理诊断，科学评估城市可持续发展潜力及优化目标与路径[139]。

1. 政策诊断

对国际、国内和当地政府对城市可持续发展的政策进行诊断分析，整合国际、国家和地方政府的发展目标，确定城市发展必须严格执行的重点内容和适合本地区发展的关键指标方向。同时获得各利益相关方接受并在后期更易实行的较好的关键指标，并保障各个城市的发展不会偏离最基本的发展方向。

事实上，一个国家至上而下有一些总量控制的控制性政策，各个地区也会因地制宜的推出相应的政策，这些政策包含对工农业、居民生活或资源环境开发保护等各个方面的强制性法规或引导性建议，由于这些政策是所需诊断地区的重要依据和必须严格执行的重点内容，因而对于上位政策的诊断分析，更易得出适宜本地区发展水平和问题的关键指标方向。

具体到各个项目的立项和开展都有相应的政策发展背景，如中新天津生态城是中国、新加坡两国政府战略性合作旗舰项目，建设之初即紧密结合中央政府提出的生态文明和可持续发展的要求。满足"人与人、人与经济活动、人与自然和谐共存"和"能实行、能复制、能推广"的要求[140]。

2. 禀赋诊断

禀赋诊断衡量的是当地的资源承受力和环境容量。针对不同地域城市的环境资源状况，运用可持续发展原理，综合利用生态足迹、碳排放、环境容量、环境敏感性等资源环境测算方法，考虑国家、地方的城市规划方案、法律法规、重要决定的政策方向，完成城市可持续发展潜力评估、碳减排能力评估、承载力评估等，形成针对不同场地特征的 BPimpact 数字化模拟模型[141]。模型诊断的思路如图 39 所示。

（1）生态足迹评估

生态足迹评估目的主要是评价人对生物资源和能源的需求和大自然供给是否平衡，是否处于可持续发展状态，以及在可持续发展状态下的城市可承载人口。其中生

---

① 本部分发表于 2014 年的标准科学第 11 期，经原文作者同意本文作者做了部分改动。

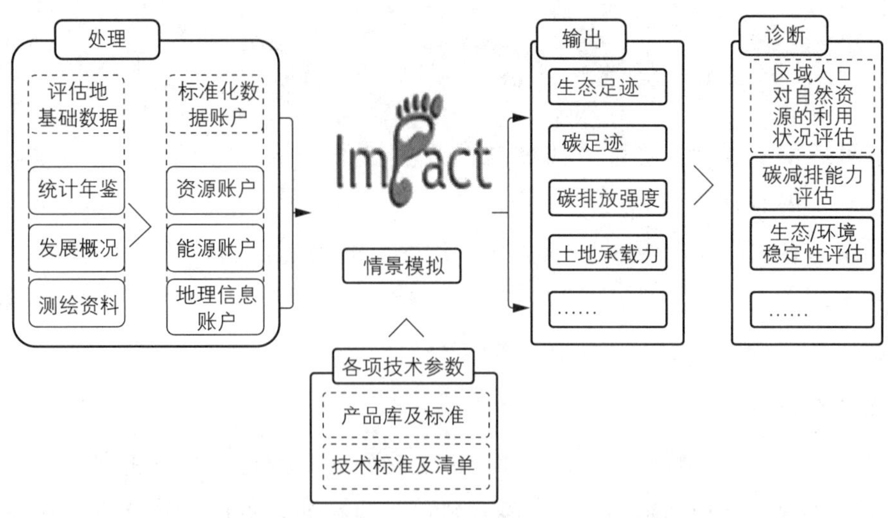

图 39 BPimpact 评估程序示意

态足迹评估方法参见 http://www.footprintnetwork.org/。城市可承载人口=城市总生态承载力/人均生态足迹。

结合不同的项目的具体情况，分析其生态足迹和生态承载力现状。对尚具有生态盈余的城市，通过生态足迹评估其生态可承载人口。对处于生态赤字的城市，分析其造成生态赤字的主要方面，并从人口规模、能源利用、绿色建筑推广、生态保育等方面给出意见，指导指标体系建设方向。

(2) 碳排放评估

碳排放参考了国内外相关的碳排放计算方法，根据各项目地的实际情况，参考了IPCC、OECD、IEA、PAS2050 等相关的碳排放计算方法，建立了相应的碳排放测算模型。碳排放分解到建筑、交通、产业、市政、碳汇等方面。分析常规情景、低碳情景(一、二)及强化低碳情景等四种情景模式的碳排放强度分布，并根据所投入的技术的成熟度、资金投入规模、管理难度的对比选择较为经济合理的碳排放目标。具体的碳排放计算方法见图 40。

图 40 碳排放评估测算思路

(3) 土地开发敏感度分析

对土地开发敏感度分为社会人文,自然环境、生态保育三方面要求进行分析。其中社会人文体现了居民对原有地区的文化、生活等方面的记忆,自然环境包括了山体地貌和水体景观的保护要求,生态保育包括了汇水情况、生态廊道、生物栖息地保护等。通过 GIS 分析,最终得到敏感性分析结果。并纳入到生态设计图则中,进行后期控制,如图 41 所示。

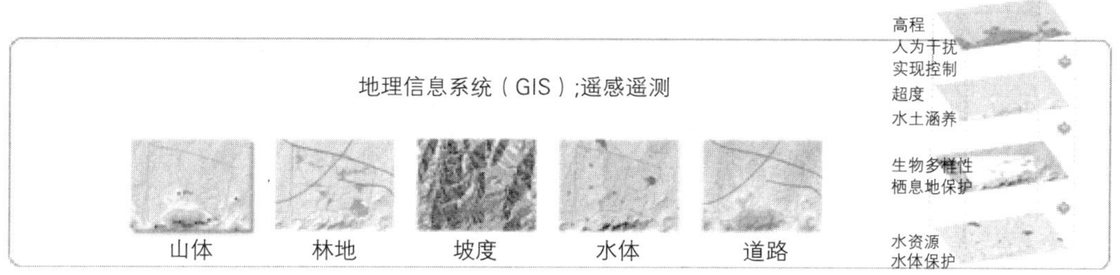

图 41 土地开发敏感度分析图

(4) 其他禀赋分析

可再生能源禀赋:通过分析当地的可再生能源资源,评估能源利用的经济性与技术可行性,并形成相应的技术方案。分析当地的可再生能源资源,如太阳能资源、风能、浅层地能资源、污水资源,在确定禀赋的同时,诊断出城市到底有多少可再生能源可供开发,并进行技术应用的可行性、经济性和回收期的简单测算,确定可再生能源的相关目标。

生物资源禀赋:分析当地生物多样性,明确出需要保护的生物资源情况和保护要求。

3. 潜力诊断

通过国内外相关城市对比结合城市发展定位和资源禀赋分析,确定城市在经济、社会、资源、环境、文化各个方面的能够提升的水平,作为其可持续发展潜力。

城市可持续发展潜力评估方法结合了 ISO/DIS 37101 的基本原则和要求,并延续至实施过程中予以深化和落实。结合指标选取的禀赋和潜力评估,确定自然资源和社会资源的可开发程度,政策的支持程度,确定问题的重要性,识别各方利益和城市或社区面临的风险和机遇,从而确定切实可行的可持续发展规划目标。本方法的应用有利于 ISO 37120:2014 中指标选取方向的确定,用户可根据本诊断方法诊断结果制定生态城市、社区等的发展理念,指标选取方向与原则,从而搭建可持续发展的指标体系框架,并对众多指标的赋值提供科学合理的依据、方法。

（四）城市可持续发展指标体系

ISO 37120《城市可持续发展及恢复　关于城市服务和生活质量的指标》以人为核心，从城市服务和生活质量角度提出了一套衡量城市可持续发展的指标体系。由于我国的政治体制、经济制度、社会制度等的独特性，需要修改采用 ISO 37120 国际标准。ISO 37120 从"人"的角度出发衡量城市的发展，其中涉及生存权的指标主要涉及经济、安全、环境、医疗卫生等方面；发展权的指标主要涉及教育、金融、能源、科技与创新等方面。自由权的指标包括城市治理中的选举权、男女平等等[142]。

1. 我国城市可持续发展基本状况

2013 年，我们选取了国内的 36 个大型城市（包括直辖市、省会城市和副省级城市，不包括港、澳及台湾地区）应用 ISO 37120 进行评估[143]。根据评估结果，我国城市人权发展取得了较大的进步，在生存权方面与发达国家差距正在逐步缩小，部分指标已经与发达国家城市接近或相同；而在发展权和自由权方面由于我国政治、经济体制与发达国家不同，部分指标（如公民参与、庇护所等）含义有较大分歧。

（1）生存权发展状况

新中国成立以来，经济发展迅速，基本上解决了人民的温饱问题，生存环境不断改善；医疗卫生事业大幅发展，医疗资源与发达国家的差距不断缩小，人均预期寿命延长，城市人口平均预期寿命都超过 70 岁，其中上海最高达 82.51 岁；城市用水普及率比较高，多数城市达到 100%；固体垃圾回收率比较高，处理污水比例也高于一些发达国家。但中国的总体经济发展水平和人民生活水平与西方发达国家相比还有很大差距，人口的压力和资源的相对贫乏还制约着经济的发展和人民生活的改善。我国城市虽然没有人居署定义上的贫民窟，但还是存在一定数量的棚户区，总体上贫困人口数量依旧较大。人口的压力不断带来生存、就业、住房、医疗等一系列问题：妇幼保健水平有待提高，婴儿的死亡率仍旧较高；与发达国家相比，我国人均生活用水量比较低。实践证明，贫困和人口问题是阻碍我国人民享有人权的最大障碍，维护生存权仍然是首要任务。十八届三中全会报告指出"要紧紧围绕更好保障和改善民生，让一切创造社会财富的源泉充分涌流，让发展成果更多更公平惠及全体人民"[144]。

（2）发展权发展状况

改革开放以来，我国在发展经济的同时也积极改善收入分配不公平的现状，促进就业，完善社会公共服务和保障机制，在医疗、卫生、教育、文化、社会保险、社会福利及社会救助等社会事业上取得了长足发展与进步。与发达国家相比，我国在保障学龄儿童（包括弱智儿童，但不包括聋哑儿童）入学权利方面表现较好，城市的小学学龄儿童净入学率比较高，基本上达到了100%；交通系统正在不断建设和完善中，许多指标已接近发达国家水平，如大城市的地铁覆盖率比较高，高容量公共交通得到较快发展，私家车数量也在日益攀升；我国的商业航空连接能力发展较快，大多城市的交通事故死亡率也逐年降低。尽管如此，我国城市居民发展权的保障依旧问题多多：城市教育资源十分欠缺，大部分城市小学学生/教师比仍就过高，还有很大一部分居民并没有完成小学教育；消防员占总人口的比重显然低于发达国家。虽然随着经济与科技的飞速发展，我国的科技与创新水平也正向发达国家看齐，经济发达地区互联网、移动电话等现代通信设备普及率比较高，但西部地区仍旧比较低，城乡和地域依旧差别较大，发展很不平衡。2012年，《国家基本公共服务体系“十二五”规划》印发实施。规划也突出了公共资源向农村、贫困地区和社会弱势群体倾斜的原则，着力缩小城乡和区域间的基本公共服务差距，有效保障公平公正。为此我国提出应当坚持走城镇化道路，完善城镇化健康发展体制，推进以人为核心的城镇化，推动大中小城市和小城镇协调发展，产业和城镇融合发展，促进城镇化和新农村建设协调推进。

（3）自由权发展状况

有关自由权的各项指标，主要包括治理、城市规划、公民参与、文化、社会公平等指标。建国以来，我国重视法制建设，在保障公民的政治自由以及各项政治权利上成果显著，不断完善法律法规，逐步建立起民主监督、民主决策、民主选举以及民主管理机制，让改革发展成果惠及全体人民[145]。2010年，我国修改了《全国人民代表大会和地方各级人民代表大会选举法》，进一步完善了选举制度；2011年至2012年，全国31个省、自治区、直辖市进行县乡人大代表换届选举，产生了200多万县乡两级人大代表。全国98%以上的村委会实行了直接选举，村民平均参选率达到95%[146]。但我国城市居民自由权状况还面临诸多问题，如在社会公平上，贫困人口比例仍旧比较大，尤其是西部落后地区，城市之间贫富差距也比较大，社会公平问题比较突出。

2. ISO 37120修改采用的原则

依据前面ISO 37120在我国城市的应用情况，ISO 37120修改采用应按照质检总局发布的《采用国际标准管理办法》所提出的要求基础上，结合我国城市可持续发展实际情况，遵循以下原则。

（1）符合我国法律、法规

修改采用ISO 37120应在符合我国相关法律、法规的基础上，遵循国际惯例，相关指标的修改采用应做到先进、合理、可靠。

（2）尽可能与ISO 37120保持一致

ISO 37120共有涉及城市可持续发展的17个方面的100项指标，应尽可能等同采用相应指标，除了涉及政治制度、统计方面的原因对相应指标修改时，应当将指标与原国际标准指标的差异控制在合理的、必要的并且是最小的范围之内。

(3) 数据可获得性和引导性相结合

ISO 37120 的 100 项指标全部为定量指标,因此采用 ISO 37120 就必须要考虑相关数据的可获得性。但由于过去很长一段时间,我国城市发展的重点是经济,涉及社会发展、城市治理等方面的数据相对缺乏,随着党和政府高度重视城市可持续发展工作,提出综合评价城市发展的要求,因此采用 ISO 37120 还应注意其引导性,引导各地就我国城市可持续发展的相关数据进行统计。

3. ISO 37120 修改采用的建议

按照上述原则,结合 ISO 37120 在我国城市的初步应用情况,就 ISO 37120 的各项指标,我们建议按照以下方式采用,如表 16 所示。

表 16 ISO 37120 各项指标采用建议

主题	序号	类型	指标名称	采用方式	采用指标名称
经济	5.1	核心	城市失业率	修改采用	城镇登记失业率
	5.2	核心	商业和工业资产占全部资产百分比	等同采用	商业和工业资产占全部资产百分比
	5.3	核心	贫困人口占城市人口百分比	修改采用	低保人口占城市人口百分比
	5.4	辅助	全职人员占城市人口百分比	修改采用	在岗职工占城市人口百分比
	5.5	辅助	青年失业率	等同采用	青年失业率
	5.6	辅助	每十万人企业数	等同采用	每十万人企业数
	5.7	辅助	每十万人年申请新专利数	等同采用	每十万人年专利授权数
教育	6.1	核心	适龄女童入学率	修改采用	小学女童入学率
	6.2	核心	小学完成率:结业率	等同采用	小学结业率
	6.3	核心	中学完成率:结业率	等同采用	普通中学结业率
	6.4	核心	小学师生比	等同采用	小学师生比
	6.5	辅助	适龄男童入学率	修改采用	小学男童入学率
	6.6	辅助	适龄儿童入学率	修改采用	小学净入学率
	6.7	辅助	每十万人获得高等教育学历人数	修改采用	每十万人大专以上学历人数
能源	7.1	核心	居民年均用电量	修改采用	居民年均生活用电量
	7.2	核心	获得授权电力服务人口百分比	等同采用	获得授权电力服务人口百分比
	7.3	核心	公共建筑年耗电量	等同采用	公共建筑年耗电量
	7.4	核心	可再生能源占城市能源消耗的百分比	等同采用	可再生能源占城市能源消耗的百分比
	7.5	辅助	人均用电量	等同采用	人均用电量
	7.6	辅助	年人均电力中断次数	等同采用	年人均电力中断次数
	7.7	辅助	电力中断平均时长	等同采用	电力中断平均时长

续表

主题	序号	类型	指标名称	采用方式	采用指标名称
环境	8.1	核心	细颗粒物(PM 2.5)浓度	等同采用	细颗粒物(PM2.5)年平均浓度值
	8.2	核心	可吸入颗粒物(PM 10)浓度	等同采用	可吸入颗粒物(PM 10)年平均浓度
	8.3	核心	年人均温室气体排放量	等同采用	年人均温室气体排放量
	8.4	辅助	二氧化氮(NO_2)浓度	等同采用	二氧化氮(NO_2)年平均浓度
	8.5	辅助	二氧化硫(SO_2)浓度	等同采用	二氧化硫(SO_2)年平均浓度
	8.6	辅助	臭氧浓度	修改采用	臭氧(O_3)最大8小时第90百分位浓度
	8.7	辅助	噪声污染	修改采用	城市区域环境噪声监测情况
	8.8	辅助	本地物种数量变化百分比	等同采用	本地物种数量变化百分比
财政	9.1	核心	偿债比率(债务支出占市政自有收入的百分比)	修改采用	偿债比率(债务支出占公共财政收入百分比)
	9.2	辅助	资本支出占全部支出的百分比	等同采用	资本支出占全部支出的百分比
	9.3	辅助	自有来源收入占总收入的百分比	等同采用	自有来源占总收入的百分比
	9.4	辅助	税收占总税收的百分比	等同采用	税收占总税收的百分比
火灾与应急响应	10.1	核心	每十万人消防员人数	等同采用	每十万人消防员人数
	10.2	核心	每十万人火灾死亡人数	等同采用	每十万人火灾死亡人数
	10.3	核心	每十万人自然灾害死亡人数	等同采用	每十万人自然灾害死亡(含失踪)人数
	10.4	辅助	每十万人志愿和兼职消防员人数	等同采用	每十万人志愿和兼职消防员人数
	10.5	辅助	突发事件报警响应时间	等同采用	突发事件报警响应时间
	10.6	辅助	火灾报警响应时间	等同采用	火灾报警响应时间
治理	11.1	核心	上届市政选举选民参与率	修改采用	上届选举投票率
	11.2	核心	妇女占市级官员的百分比	修改采用	妇女占市级官员的百分比
	11.3	辅助	妇女占市政府雇员的百分比	修改采用	妇女占市政府雇员的百分比
	11.4	辅助	每十万人市政官员腐败和/或贿赂人数	修改采用	每十万人公务人员贪污贿赂批捕数量
	11.5	辅助	每十万人本地官员人数	等同采用	每十万人本地官员人数
	11.6	辅助	登记选民人数占投票年龄人口的百分比	等同采用	登记选民人数占投票年龄人口的百分比

续表

主题	序号	类型	指标名称	采用方式	采用指标名称
健康	12.1	核心	平均预期寿命	等同采用	平均预期寿命
	12.2	核心	每十万人医院病床数	修改采用	每十万人医院、卫生院床位数
	12.3	核心	每十万人医生人数	修改采用	每十万人医生数
	12.4	核心	每千名活产新生儿五岁以下死亡率	修改采用	五岁以下儿童死亡率
	12.5	辅助	每十万人护士和助产士人数	修改采用	每十万人注册护士人数
	12.6	辅助	每十万人心理医生人数	等同采用	每十万人心理医生人数
	12.7	辅助	每十万人自杀率	等同采用	每十万人自杀率
休闲	13.1	辅助	人均室内公共休闲面积	等同采用	人均室内公共休闲面积
	13.2	辅助	人均室外公共休闲面积	等同采用	人均室外公共休闲面积
安全	14.1	核心	每十万人警察人数	等同采用	每十万人警察人数
	14.2	核心	每十万人凶杀案数	等同采用	每十万人凶杀案数
	14.3	辅助	每十万人侵犯财产犯罪数	等同采用	每十万人侵犯财产犯罪数
	14.4	辅助	报警响应时间	等同采用	报警响应时间
	14.5	辅助	每十万人暴力犯罪数	等同采用	每十万人暴力犯罪数
庇护	15.1	核心	贫民窟居住人口百分比	修改采用	棚户区居住人口百分比
	15.2	辅助	每十万人无家可归人数	等同采用	每十万人无家可归人数
	15.3	辅助	非法住宅百分比	等同采用	非法住宅百分比
固体废弃物	16.1	核心	享受定期固体废弃物收集人口的百分比	修改采用	享受定期生活垃圾收集服务人口的百分比
	16.2	核心	人均固体废弃物收集量	修改采用	人均生活垃圾清运量
	16.3	核心	城市固体废弃物循环利用百分比	修改采用	一般工业固体废弃物综合利用百分比
	16.4	辅助	城市固体废弃物中填埋处理的百分比	修改采用	生活垃圾中卫生填埋处理的百分比
	16.5	辅助	城市固体废弃物中焚烧处理的百分比	修改采用	生活垃圾中焚烧处理的百分比
	16.6	辅助	城市固体废弃物中露天焚烧处理废弃物的百分比	修改采用	生活垃圾中露天焚烧处理的百分比
	16.7	辅助	城市固体废弃物中露天垃圾场处理的百分比	修改采用	生活垃圾中露天垃圾场处理的百分比
	16.8	辅助	城市固体废弃物中其他方式处理的百分比	修改采用	生活垃圾中其他方式处理的百分比
	16.9	辅助	人均产生有害废弃物/t	修改采用	人均产生的危险废物
	16.10	辅助	城市有害废弃物循环处理的百分比	修改采用	危险废物综合利用的百分比
通信与创新	17.1	核心	每十万人互联网连接人数	等同采用	每十万人互联网宽带接入用户数
	17.2	核心	每十万人手机拥有量	等同采用	每十万人移动电话用户数
	17.3	辅助	每十万人固定电话拥有量	等同采用	每十万人固定电话用户数

续表

主题	序号	类型	指标名称	采用方式	采用指标名称
交通	18.1	核心	每十万人大容量公共交通公里数	修改采用	每十万人大容量公共交通公里数
	18.2	核心	每十万人轻型公共交通公里数	修改采用	每十万人轻型公共交通公里数
	18.3	核心	年人均乘坐公共交通工具的次数	等同采用	年人均乘坐公共交通工具的次数
	18.4	核心	人均拥有私人汽车数量	等同采用	人均拥有私人汽车数量
	18.5	辅助	使用公共交通（而非私家车）的通勤人员比例	等同采用	使用公共交通的通勤人员比例
	18.6	辅助	人均拥有两轮机动车数量	等同采用	人均拥有两轮机动车数量
	18.7	辅助	每十万人自行车道公里数	等同采用	每十万人自行车道公里数
	18.8	辅助	每十万人交通死亡人数	等同采用	每十万人交通事故死亡人数
	18.9	辅助	商用飞机连通性	修改采用	民用飞机连通性
规划	19.1	核心	每十万人绿地面积/hm^2	等同采用	每十万人绿地面积/hm^2
	19.2	辅助	每十万人年均种植树木数量	等同采用	每十万人年均种植树木数量
	19.3	辅助	非正式居住面积占城市面积百分比	等同采用	非正式居住面积占城市面积百分比
	19.4	辅助	工作/居住比	等同采用	工作居住比
废水	20.1	核心	享受废水收集服务的城市人口百分比	等同采用	享受废水收集服务的城市人口百分比
	20.2	核心	未经处理城市废水的百分比	修改采用	污水处理厂集中处理率
	20.3	核心	经过初级处理城市废水的百分比	等同采用	经过初级处理城市废水的百分比
	20.4	核心	经过二级处理城市废水的百分比	等同采用	经过二级处理城市废水的百分比
	20.5	核心	经过三级处理城市废水的百分比	等同采用	经过三级处理城市废水的百分比
水与卫生	21.1	核心	享受饮用水供水服务的城市人口百分比	等同采用	享受饮用水供水服务的城市人口百分比
	21.2	核心	持续获得改良供水服务的城市人口百分比	等同采用	持续获得改良供水服务的城市人口百分比
	21.3	核心	获得改善卫生设施服务城市人口的百分比	等同采用	获得改善卫生设施服务城市人口的百分比
	21.4	核心	人均生活用水量/(L/d)	修改采用	人均日生活用水量
	21.5	辅助	人均耗水总量/(L/d)	修改采用	人均耗水总量
	21.6	辅助	年均每个家庭供水中断时间	等同采用	年均每个家庭供水中断时间
	21.7	辅助	水损失比	修改采用	水损失比

上述指标的采用建议是按照采用原则,结合 ISO 37120 的初步应用提出的。随着 ISO 37120 试点的深入,上述指标会进一步完善,也将在 ISO 37120 转化为国家标准过程中体现。

(五)生态系统生产总值核算方法[147]①

如何评价城市可持续发展的综合绩效是国际社会和国际标准化组织关注的焦点。2013 年 7 月,在 ISO/TC 268 第二次全会和 WG2 工作组会议中,ISO/TC 268 注册专家来自中科院生态环境研究中心的欧阳志云先生向与会各国代表介绍了生态系统生产总值的核算方法,受到各国代表的关注[148]。生态系统生产总值核算方法从经济、环境角度核算地区生产总值,尽管还未全面覆盖可持续发展的经济、社会、环境、文化、治理、基础设施等方面,但其从经济、环境角度开展城市可持续发展综合绩效的方法值得各界关注、学习。

1. 背景

人类社会与其赖以发展的生态环境构成经济—社会—自然复合生态系统。为了核算人类经济活动的成果,建立了国民经济核算体系,以“国内生产总值(GDP),为主要核算指标,用以衡量一个国家或地区在一定时期内生产和提供的最终产品和服务的总价值,GDP 已成为世界各国应用最普遍的经济核算指标。

发达和发展中国家都在寻求超越 GDP 的核算指标,以体现生态系统对人类福祉的贡献。一些国家正在进行自然资本核算的试点。2008 年,时任法国总统萨科齐提出应用新的社会发展衡量指标取代 GDP,以更广泛地反映社会和环境改善情况。英国首相卡梅伦在 2010 年一次会议上表示“我们不能只盯着 GDP,而不顾国民是否幸福。”他甚至责令国家统计局局长制定一套衡量“国民总幸福”的方法,以了解国民的心理状况和对生活环境的满意程度。2012 年,美国时任美联储主席伯南克提出,GDP 等一些政府经济数据并不能完整地反映许多民众正面临的艰难时刻,“我们应寻找更好和更直接的指标来衡量民众的幸福度”。

2012 年 2 月,联合国统计委员会批准了“环境经济核算体系(SEEA)核心框架”,期望世界各国将来如同采纳国民经济核算体系一样执行“环境经济核算体系核心框架”。2013 年联合国统计委员会又进一步采纳了“环境经济核算体系试验性生态系统核算”。英国在 2011 年组织了 500 多位科学家对英格兰、苏格兰、北爱尔兰和威尔士进行了全面的生态系统评估。澳大利亚的维多利亚省也在 SEEA 框架下对土地和生

---

① 本部分发表于 2013 年生态学报第 33 卷第 21 期,经原文作者同意本文作者做了部分改动。

态系统核算的实践进行了总结。国际上生态系统核算的方法尚处于试验阶段，需要更多的研究来评估生态系统服务所有方面的价值。无论是“绿色 GDP”、还是英国的生态系统评估与澳大利亚土地和生态系统核算均是在 SEEA 的框架下开展的，也都没有把生态系统生产总值作为一个独立的核算指标明确地提出来。

2015 年，《中共中央国务院关于加快推进生态文明建设的意见》中明确提出要“建立生态文明综合评价指标体系”的要求，而生态系统生产总值核算方法不仅符合国家政策要求，也符合国际发展趋势。

2. 生态系统生产总值概念与内涵

生态系统生产总值（GEP）可以定义为生态系统为人类提供的产品与服务价值的总和。生态系统主要包括森林、湿地、草地、荒漠、海洋、农田、城市等 7 个类型。生态系统产品与服务是指生态系统与生态过程为人类生存、生产与生活所提供的条件与物质资源。生态系统产品包括生态系统提供的可为人类直接利用的食物、木材、纤维、淡水资源、遗传物质等。生态系统服务包括形成与维持人类赖以生存和发展的条件等，包括调节气候、调节水文、保持土壤、调蓄洪水、降解污染物、固碳、产氧、植物花粉的传播、有害生物的控制、减轻自然灾害等生态调节功能，以及源于生态系统组分和过程的文学艺术灵感、知识、教育和景观美学等生态文化功能。

核算生态系统生产总值，就是分析与评价生态系统为人类生存与福祉提供的产品与服务的经济价值。生态系统生产总值是生态系统产品价值、调节服务价值和文化服务价值之总和。在生态系统服务功能价值评估中，通常将生态系统产品价值称为直接使用价值，将调节服务价值和文化服务价值称为间接使用价值。生态系统生产总值核算通常不包括生态支持服务功能，如有机质生产、土壤及其肥力的形成、营养物质循环、生物多样性维持等功能，原因是这些功能支撑了产品提供功能与生态调节功能，而不是直接为人类的福祉做出贡献，这些功能的作用已经体现在产品功能与调节功能之中。

GEP 的概念是借鉴国内生产总值（GDP）概念提出的，生态系统生产总值的核算目的是评价与分析生态系统对人类经济社会发展支撑作用，以及对人类福祉的贡献。通过生态系统生产总值的核算还可以认识和了解生态系统的状况以及变化。生态系统生产总值是与国内生产总值平行的核算指标，前者关注的是生态系统的运行状况，后者关注的是经济系统运行的状况。保罗·萨缪尔森曾指出“正如人造卫星可以探测到地球上各大洲天气一样，GDP 可以给你一幅经济运行状态的总体图画，类似地 GEP 核算可以描绘一幅生态系统运行的总体图画。

生态系统生产总值一词首次出现在 2012 年，朱春全提出把自然生态系统的生产总值纳入可持续发展的评估核算体系，以生态系统生产总值来评估生态状况。建立一个与GDP相对应的、能够衡量生态状况的评估与核算指标，即生态系统生产总值。Mark Eigenraam等也提出生态系统生产总值(GEP)一词，他们将其定义为生态系统产品与服务在生态系统之间的净流量。欧阳志云、朱春全等认为GEP是生态系统为人类提供的产品与服务价值的总和，通过建立国家或区域GEP的核算制度，可以评估其森林、草原、荒漠、湿地和海洋等生态系统以及农田、牧场、水产养殖场和城市绿地等人工生态系统的生产总值，来衡量和展示生态系统的状况及其变化。

3. 生态系统生产总值核算思路

生态系统生产总值核算的思路是源于生态系统服务功能及其生态经济价值评估与国内生产总值核算。根据生态系统服务功能评估的方法，生态系统生产总值可以从生态功能量和生态经济价值量两个角度核算。生态功能量可以用生态系统功能表现的生态产品与生态服务量表达，如粮食产量、水资源提供量、洪水调蓄量、污染净化量、土壤保持量、固碳量、自然景观吸引的旅游人数等，其优点是直观，可以给人明确具体的印象，但由于计量单位的不同，不同生态系统产品产量和服务量难以加总。因此，仅仅依靠功能量指标，难以获得一个地区以及一个国家在一段时间的生态系统产品与服务产出总量。为了获得生态系统生产总值，就需要借助价格，将不同生态系统产品产量与服务量转化为货币单位表示产出，然后加总为生态系统生产总值。因此生态系统生产总值核算的基本任务有3个，如图42所示。

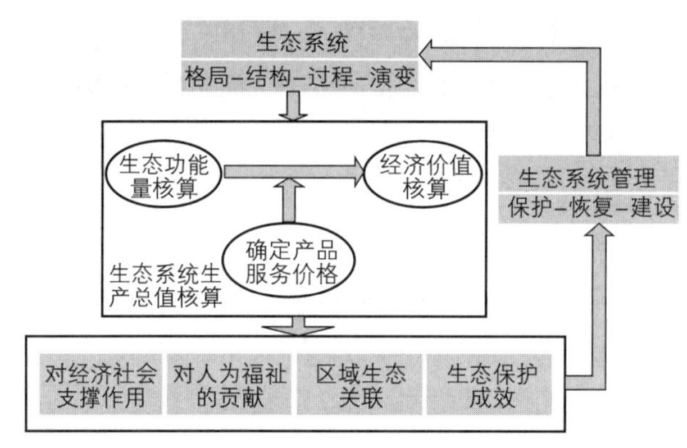

图42 生态系统生产总值核算框架

一是生态系统产品与服务的功能量核算，即统计生态系统在一定时间内提供的各类产品的产量、生态调节功能量和生态文化功能量，如生态系统提供的粮食产量、木材产量、水电发电量、土壤保持量、污染物净化量等。尽管尚未建立生态系统服务功能监测体系，然而大多数生态系统产品产量可以通过现有的经济核算体系获得，部分生态系统调节服务功能量可以通过现有水文、环境、气象、森林、草地、湿地监测体系获得，部分生态系统服务功能量可以通过生态系统模型估算。生态系统及其要素的监测体系，生态系统长期监测、水文监测、气象台站、环境监测网络等可以为生态系统产品与服务功能量的核算提供数据和参数。

二是确定各类生态系统产品与服务功能的价格，如单位木材的价格、单位水资源量价格、单位土壤保持量的价格等。自1990年以来，在生态调节服务和文化服务的价格确定方面取得巨大进展，根据生态系统服务功能类型，建立了不同的定价方法，主要有替代市场技术和模拟市场技术。替代市场技术是以"影子价格和消费者剩余来表达生态系统服务功能的价格和经济价值，其具体定价方法有费用支出法、市场价值法、机会成本法、旅行费用法等，在评价中可以根据生态系统服务功能类型进行选择。模拟市场技术（又称假设市场技术），它以支付意愿和净支付意愿来表达生态服务功能的经济价值，在实际研究中，从消费者的角度出发，通过调查、问卷、投标等方式来获得消费者的支付意愿和净支付意愿，综合所有消费者的支付意愿和净支付意愿来估计生态系统服务功能的经济价值。

三是生态系统产品与服务的功能量核算，在生态系统产品与服务功能量核算的基础上，核算生态系统产品与服务总经济价值。可以用下式计算一个地区或国家的生态系统生产总值。

$$\mathrm{GEP} = \mathrm{EPV} + \mathrm{ERV} + \mathrm{ECV}$$

$$\mathrm{EPV} = \sum_{i=1}^{n} \mathrm{EP}_i \times P_i$$

$$\mathrm{ERV} = \sum_{j=1}^{m} \mathrm{ER}_j \times P_j$$

$$\mathrm{ECV} = \sum_{k=1}^{l} \mathrm{ER}_k \times P_k$$

式中，GEP为生态系统生产总值，EPV为生态系统产品价值，ERV为生态系统调节服务价值，ECV为生态文化服务价值。EP_i为第i类生态系统产品产量，P_i为第i类生态系统产品的价格；ER_j为第j类生态系统调节服务功能量，P_j为第j类生态系统调节服务功能的价格；EC_k为第k类生态系统文化服务功能量，P_k为第k类生态系统文化服务功能的价格。

第五章 我国城市可持续发展关键问题研究

一、城市可持续发展与美丽中国建设[149]

（一）建设美丽中国是党和政府的工作的重点

2012年11月8日，中共中央总书记胡锦涛代表十七届中央委员会向中共第十八次代表大会作了题为《坚定不移沿着中国特色社会主义道路前进为全面建成小康社会而奋斗》的报告，报告指出“面对资源约束趋紧、环境污染严重、生态系统退化的严峻形势，必须树立尊重自然、顺应自然、保护自然的生态文明理念，把生态文明建设放在突出地位，融入经济建设、政治建设、文化建设、社会建设各方面和全过程，努力建设美丽中国，实现中华民族永续发展[150]。”其中提出了建设“美丽中国”的需求，并且提出了一系列大政方针和政策措施。2015年，《中共中央国务院关于加快推进生态文明建设的意见》中明确提出“加快美丽乡村建设[151]”的任务。完善县域村庄规划，强化规划的科学性和约束力。加强农村基础设施建设，强化山水林田路综合治理，加快农村危旧房改造，支持农村环境集中连片整治，开展农村垃圾专项治理，加大农村污水处理和改厕力度。加快转变农业发展方式，推进农业结构调整，大力发展农业循环经济，治理农业污染，提升农产品质量安全水平。依托乡村生态资源，在保护生态环境的前提下，加快发展乡村旅游休闲业。引导农民在房前屋后、道路两旁植树护绿。加强农村精神文明建设，以环境整治和民风建设为重点，扎实推进文明村镇创建。

建设“美丽中国”的核心就是要按照生态文明要求，通过生态、经济、政治、文化及社会建设，实现生态良好、经济繁荣、政治和谐、人民幸福，实质是把生态文明建设提升到全局发展的高度，强调生态文明建设和政治、经济、文化及社会建设的相互融合与协调。所以“美丽中国”不仅仅是环境优美，更是时代之美、生活之美、社会之美和百姓之美，而百姓生活之美是“美丽中国”的根本出发点和最终归宿，人民幸福生活是衡量“美丽中国”建设状况的根本标准和总指标。因此，建设“美丽中国”的核心是以人为本，关键是以科学发展观为指导，坚持走可持续发展之路。

（二）可持续发展是建设“美丽中国”的科学途径

“美丽中国”是中共十八大提出的重要战略目标，是指生态文明建设与政治、经济、文化和社会建设的相互融合与协调发展，最终实现经济发展、生态良好、政治和谐和人民幸福的总目标与科学发展观和可持续发展战略的核心思想一脉相承。

可持续发展是指既满足当代人的需求，又不对后代人满足其自身的需求构成危害的发展模式，是建立在政治、经济、人口、资源、环境和社会相互协调和共同发展的基础上的发展，其中发展是前提基础和物质保障，持续性是最终目标和关键。一直以来可持续发展也是世界各国与国际社会的重要追求，早在 1972 年斯德哥尔摩举行的联合国人类环境研讨会上就首次提出了可持续发展的概念，之后各国都致力于对可持续发展的研究与实施，1987 年世界环境与发展委员会在《我们共同的未来》报告中第一次阐述了可持续发展的概念，得到了国际社会的广泛共识，1994 年我国通过了《中国 21 世纪议程》，1995 年将可持续发展作为国家的基本战略，顺应国际社会的发展需求。

我国人口基数大，每年净增长人口多，庞大的人口压力导致我国人均资源占有量少，生产技术水平较低导致对自然资源利用率较低，粗放的经济增长方式导致资源浪费严重，诸多此类因素使得我国长期存在资源相对短缺的瓶颈，严重阻碍着社会经济的可持续发展，生态文明建设的物质基础难以保障。教育资源稀缺以及不公平导致的人口素质偏低也带来一系列社会问题，收入差距的不断扩大加剧了社会矛盾，严重影响我国文化和社会的可持续发展。我国长期以来单方重视工业和经济发展的策略虽然带来了可观的经济效益和日益增长的 GDP，但是也使得我国面临深刻的环境危机：PM2.5 超标导致的雾霾、滥砍滥伐导致的水土流失和沙尘暴、水污染、臭氧层空洞、温室效应等等，这些环境问题正影响着人们的健康和生活品质，成为制约可持续发展的桎梏。应对这些经济、社会和生态环境危机的根本之策就是走可持续发展道路，转变经济增长模式，重视社会公平，保护环境，努力促进人口、资源、环境、经济和社会的协调发展。

（三）城市和农村是建设美丽中国的两极

建设“美丽中国”的关键在于落实可持续发展战略。改革开放以来，我国的城镇化水平从1978年的17.90%提高到2014年的54.77%,城市人口从1.7亿增加到7.49亿,预计到2050年城镇化率将提高到80%。城镇化过半不仅意味着人口的迁移,也意味着中国经济发展的轴心和社会各领域变革的重点已经转向了城市,进入了一个新的历史发展阶段。城市已经成为我国国民经济和社会发展的重要载体,城市的科学发展在很大程度上决定了中国的科学发展。因此,可以说推动城市走可持续发展之路是落实国家可持续发展战略的重要举措。十八大报告要求,到2020年"城镇化质量明显提高",提出"把生态文明建设放在突出地位,融入经济建设、政治建设、文化建设、社会建设各方面和全过程,努力建设美丽中国,实现中华民族永续发展"。城镇化不是简单的人口比例增加和城市面积扩张,更重要的是实现产业结构、就业方式、人居环境、社会保障等由"乡"到"城"的重要转变。必须逐步改变传统的增长导向型城镇化模式,以民生改善为根本目的,不单纯追求城镇化的速度,更关注城镇化进程中提高人的生活质量,优化资源空间的配置,发挥资源空间的最大利用效率。

然而,我国近一半的人口仍然生活在农村地区。建设"美丽中国"必须要考虑"美丽乡村"建设问题。推进农村发展是党和政府一贯的工作重点。2005年10月11日,中国共产党第十六届中央委员会第五次全体会议通过的《中共中央关于制定国民经济和社会发展第十一个五年规划的建议》中做出了加快社会主义新农村建设的重大决议,提出了"生产发展、生活宽裕、乡风文明、村容整洁、管理民主"的20字方针。2012年,十八大报告中提出"把生态文明建设放在突出地位,融入经济建设、政治建设、文化建设、社会建设各方面和全过程,努力建设美丽中国,实现中华民族永续发展。"全国各地按照十八大提出的"四化同步、五位一体"新论断、新要求作为农业农村工作的指导思想和行动指南,开始了"美丽乡村"建设的探索。2013年中央一号文件提出,要"推进农村生态文明建设""努力建设美丽乡村"。此外,财政部下发《关于发挥一事一议财政奖补作用推动美丽乡村建设试点的通知》提出了美丽乡村建设试点的主要内容[152]。

在新型城镇化背景下,应按照可持续发展原则统筹城市与乡村发展,使其相互促进,共同发展。随着经济、社会的发展,人们对生活的品质要求也越来越高,这也是近年来城镇化发展的动力之一。正如亚里士多德所说:"人们来到城市是为了生活,人们居住在城市是为了生活得更好。"通过"美丽乡村"建设使得乡村居民不需要到城市就能够享受到与城市居民一样的公共服务和生活品质,将科学促进人口在城市和乡村之间的流动,推动我国城镇化健康发展[153]。

(四)强化标准化对建设"美丽中国"的支撑

今年两会以来,社会各界热议中国的"新型城镇化"。可以说新型城镇化建设是建设“美丽中国”的重要举措。新型城镇化是新四化(新型工业化、信息化、城镇化、农业现代化)的核心,是推动经济发展的重大机遇。新型城镇化与建设“美丽中国”的中国梦是一致的,要实现国家富强、民族复兴、人民幸福和社会和谐的中国梦,全面建成小康社会,新型城镇化是一条重要路径,也是实现中国梦的重要基础。

1. 加快可持续发展标准体系建设

建设“美丽中国”关键是生态文明建设,根本途径是走可持续发展之路,而城市可持续发展和建设依赖于标准体系的完善与标准化工作的有效开展。我国对城市可持续发展的研究起步较早,研究主要都是围绕城市管理的某一方面重点展开。城乡建设部等部委发布了国家低碳城市标准、国家园林城市标准、国家节水型城市标准、国家宜居城市标准、国家森林城市标准、国家生态城市标准、国家数字城市标准等涉及城市发展的部门文件,但这些研究和文件基本都是从城市管理的某一方面或某几方面提出的,并未涵盖城市可持续发展的各个方面,并且我国目前还缺乏全面的体系化的城市可持续发展相关标准。

我国目前还缺乏城市可持续发展的相关标准。在我国城镇化进程不断加快,国际标准已经起步的背景下,应积极参与可持续发展国际标准制定,并结合我国城镇化发展实际情况加快研究制定城市可持续发展的相关标准。在现有研究基础上,我们初步提出了城市可持续发展标准体系的构想[132],还需要在进一步系统研究的基础上不断完善,逐步形成适应我国城市可持续发展需要的完整城市可持续发展标准体系。

2. 加大可持续发展基础、通用标准研制力度

现阶段我国可持续发展的标准主要由不同的国家机关或者相关部门制定,适用范围有限,仅仅涉及城市发展的某一或某几个方面,难以形成统一的指标衡量体系,没有一个通用的统一的指导性标准,这就导致城市可持续发展实际中标准运用可能出现矛盾与冲突,对于城市的全面协调发展是不利的,因此必须加强基础性、通用性标准的研究与制定,特别是指导城市可持续发展的管理体系、要求和指南等,并且随着我国城镇化建设的不断深入,研究制定不同类型大城市可持续发展的具体要求和管理标准。在基础标准的前提下才能更加协调有效地运用各类具体指标和标准,促进城市的可持续发展和建设,推动“美丽中国”的建设进程。

3. 加大可持续发展标准的推广应用

建设“美丽中国”是一个持续而渐进的过程,需要标准的持续推广和应用,及时衡量和检验城市可持续发展进程中的成绩与欠缺,以更好地实现城市人口、经济和资源环境之间的协调发展。2011 年以来,中国标准化研究院密切跟踪、研究,并实质参与可持续发展国际标准的研制。在此基础上,对我国 36 个大型城市可持续发展状况进行评估,研究成果刊登在《标准生活》2013 年第 3 期[143],在国内引起广泛关注。

二、城市可持续发展与新型城镇化[154]

（一）新型城镇化的内涵

城市是我国国民经济和社会发展的重要载体，城市的科学发展在很大程度上决定了中国的科学发展。过去三十多年，中国的城镇化水平从1978年的17.90%提高到2014年的54.77%，城市人口从1.7亿增加到7.49亿。城市已经成为中国经济发展的轴心和社会各领域变革的重点。

大力发展城镇化已经成为中国当前的战略之一，为中小城市和小城镇发展带来巨大的发展机遇。十八大报告中进一步提出“深入实施科教兴国战略、人才强国战略、可持续发展战略，加快形成符合科学发展要求的发展方式和体制机制……”“把生态文明建设放在突出地位，融入经济建设、政治建设、文化建设、社会建设各方面和全过程，努力建设美丽中国，实现中华民族永续发展[150]。”可持续发展不仅上升到国家战略，更提出了具体的发展目标：人口总量得到有效控制、素质明显提高，……可持续发展能力持续提升，经济社会和人口资源环境协调发展的局面基本形成[57]。2012年11月28日，李克强会见世界银行行长金墉时指出“未来几十年最大的发展潜力在城镇化”。他尤其强调说，这有利于中国成功跨越中等收入陷阱[155]。在之后的中央经济工作会议中提出，积极稳妥推进城镇化，着力提高城镇化质量。要围绕提高城镇化质量，因势利导、趋利避害，积极引导城镇化健康发展。要把有序推进农业转移人口市民化作为重要任务抓实抓好。要把生态文明理念和原则全面融入城镇化全过程，走集约、智能、绿色、低碳的新型城镇化道路[156]。在此背景下，积极稳妥推进城镇化既是解决城镇化自身问题的基本途径，也是解决经济社会问题的重要出路，对于推动国民经济持续发展，跨越中等收入陷阱，都具有重要意义。尽管目前关于新型城镇化的观点各有不同，但笔者认为新型城镇化的核心是人的城镇化，实质是空间结构优化趋势下资源调配方式的不断优化、经济产业结构的调整、社会同步发展的转变。

（二）为什么是新型城镇化

现阶段我国所进行的新型城镇化建设既不同于欧美城镇化，也不同与我国之前所进行的城镇化。

1. 新型城镇化道路不同于欧美城镇化

中国的城镇化与欧美发达国家相比还有一定的差距，但与拉美地区相比有较大的优势。但目前中国要进行了城镇化不可能走欧美城镇化的道路，我们所处的时代背景和驱动条件与当年的欧美城镇化完全不同。欧美国家城镇化依靠市场驱动，城市的发展受人口聚集程度和产业发展水平的影响，如英国的城镇化动力源于国内社会生产力的发展，工业革命改变了产业结构，从而推动小城市迅速发展成为大城市，交通运输业的发展又进一步促进城市扩张、郊区化和城市集群的形成；而美国城镇化是典型的市场主导型，农村人口向城市聚集引发城市蔓延，郊区化现象十分突出，进而形成由都市区构成的城市带[157]。而中国的城镇化动力是政府推动，城市发展方针是由国家统一部署的，在实施过程中各级党政机关都有强有力的措施予以配合。如上世纪 90 年代中后期国家将提高城镇化水平作为发展目标，几乎各地都制定了加速城镇化的发展战略，而近期随着我国城镇化水平进入快速增长阶段，国家和各地政府开始高度重视城镇化的质量。

2. 新型城镇化的核心不同于过去的城镇化

新型城镇化的核心是人的城镇化，是“四化同步”“五位一体”的城镇化，与过去“圈地为城”的城镇化完全不同。李克强曾经指出，城镇化不是简单的城市人口比例增加和面积扩张，而是要在产业支撑、人居环境、社会保障、生活方式等方面实现由“乡”到“城”的转变。新型城镇化归根到底是人的城镇化，是“人”由农村农民向城镇市民转化的过程，在这个转化过程中不仅要解决“人”身份的问题，更要解决围绕人的“生活”“工作”中存在的一系列问题。“生活”方面涉及“衣食住行”，具体而言就是住房、教育、养老、文化娱乐、医疗等各项公共服务，需要在在城镇保障房、社会事业，公共服务均等化，收入分配等体制机制方面进行一系列的变革。“工作”是“人”身份转变后在城市中生存的大问题，需要在城镇产业结构调整、人口就业、产业支撑等方面加大改革力度。值得大家关注的是 ISO/TC 268/WG2 发布的城市指标体系国际标准正是以城市居民生活质量为核心，设立了 17 个方面 100 个指标，用于综合衡量城市发展情况[44]。

3. 新型城镇化的布局更加科学

新型城镇化的布局是大中小城市协调发展，而城镇化与农业现代化是相辅相成的。正如温家宝总理在第十二届全国人民代表大会第一次会议上所做政府工作报告中所提出的“坚持科学规划、合理布局、城乡统筹、节约用地、因地制宜、提高质量”的城镇化发展总体布局，特大城市和大城市要合理控制规模，充分发挥辐射带动作用；中小城市和小城镇要增强产业发展、公共服务、吸纳就业、人口集聚功能[158]。由此可见，我国的新型城镇化大、中、小型城市的发展定位不同，新型城镇化的布局较以前更加科学、适用。

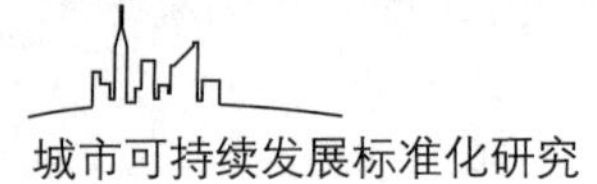

（三）新型城镇化关注的要点

有关部门研究表明，中国经济未来通过推动城镇化发展作为引擎拉动，将实现新增消费9000亿元，实现新增投资64890亿元，实现GDP增加值为2.6个百分点，约占GDP增长值的37.15%。由此可见，城镇化必将成为推动中国经济发展的主要动力。根据新型城镇化的内涵，新型城镇化不仅包括经济、人口、社会、城市基础设施和城区生态环境等方方面面协调发展，这是一个追求可持续发展的过程。根据联合国关于可持续发展概念及其战略的内涵，即经济增长、社会进步、环境保护是可持续发展的三大支柱，社会与经济发展必须与环境保护相结合，以确保世界的可持续发展和人类的繁荣[3]。因此，如何推动城市实现可持续发展是新型城镇化过程中关注的核心，应重点关注以下几个问题：

1. 加快经济结构调整

我国的城镇化滞后于工业化和农业现代化，质量不高。2011年，中国城镇人口比重为51.27%，明显低于第二、第三产业就业人员在全国就业人员中65.2%的水平[159]。十八大报告明确提出要"促进工业化、信息化、城镇化、农业现代化同步发展"。我国已进入工业化中后期，只有工业化和城镇化这两个"轮子"相互促进，协调发展，才能不断推动社会主义现代化进程。城镇化和农业现代化需要相互协调。城镇化与农业现代化都是农村、农业发展的路径和手段，相互依托，相互促进。仅仅依靠城镇化，忽视农业现代化，很难从根本上改变农村的落后面貌，而且容易导致农业萎缩和引发"城市病"。因此，必须加快经济结构调整，十八大报告提出，"要推进经济结构战略性调整。这是加快转变经济发展方式的主攻方向。必须以改善需求结构、优化产业结构、促进区域协调发展、推进城镇化为重点，着力解决制约经济持续健康发展的重大结构性问题。"经济结构调整首先就要优化产业结构，实现三大产业之间及其内部关系协调和升级，将三大产业的产值和劳动力比例由目前的"二、三、一"结构调整为"三、二、一"结构，通过增强创新能力，在改造提升传统产业的同时，大力发展战略性新兴产业。而新型城镇化必然涉及城市产业的发展及其与城市发展的关系，我国各类城镇必将沿着早期成本效率为追求的工业集中阶段，中期竞争优势为追求的产业集聚阶段，未来创新驱动为追求的新城区新社区阶段的发展路径逐步发展。

2. 创新社会管理与公共服务

目前，生活质量和宜居性已经成为城市竞争力的重要因素[160]。现行的城乡分割和地区分割的公共服务和社会保障体系，严重影响了大量进城务工人员在城市长期稳定地工作和生活。各地在制定城市发展规划时对进城务工人员考虑不足，造成社会管理问题频现和基本公共服务设施不足。尽管到2011年年末,中国城镇人口比重数量首次超过农村人口。但中央农村工作领导小组副组长、中农办主任陈锡文曾指出,按照享受城市公共服务水平,如果按政府提供完整的公共服务水平来说,中国的城镇化率大概35%~36%,有10%~12%统计在城镇居民中的农民工,并没有享受到真正的城镇公共服务[161]。而国务院发展研究中心提出根据社会保障、同工同酬、家庭完整度三个层面加权后,得出2011年我国城镇化率为43.06%,比统计局公布的51.27%低8个百分点[162]。城镇化的不断发展对城市的公共管理提出了新的要求,当前首先是爆发公共安全和群体性突发事件的概率在加大,其次是外来人口激增带来社会保障和治理压力在加大,这就要求政府对城市的社会管理和公共服务必须从当前的粗放型的社会管制提升到高效性社会治理。

3. 建设生态文明

我国是一个人均资源占有量较少的国家,许多重要资源如淡水、耕地、森林、矿产等的人均占有量均不到世界平均水平的1/3,而我国经济增长方式粗放,技术水平低造成资源利用率低,加大了对自然资源的过量开发,导致水土流失、土地荒漠化等问题日益突出,使自然灾害更加频繁的发生。近40年来,每年由各类灾害造成的直接经济损失约占国民生产总值的3%~5%,我国主要城市的大气污染、水污染日趋严重[163]。根据中国环境监测总站发布的报告,2013年1月,按照环境空气质量标准(GB 3095—2012),全国74个城市的达标天数比例为31.6%,超标天数比例为68.4%,其中轻度污染占24.7%,中度污染占13.5%,重度污染占20.2%,严重污染占10.0%[164]。其中,北京2013年1月的雾霾日数多达26天,PM2.5值更曾逼近1000[165]。中国欧盟商会发布的《中国欧盟商会北京建议书2015/2016》称,北京的空气污染影响了北京的国际形象,阻碍了外国及中国本土专业人士移居北京。而十八大报告提出“建设美丽中国,实现中华民族永续发展。”的目标。建设生态文明就要不断加强环境保护,大力推进污染物减排,加强污染大气、水和土壤的环境治理,发展可再生能源,降低二氧化碳排放,逐步改善城乡环境。因此,要加强包括标准在内的生态文明制度建设,建立符合我国新型城镇化发展要求的城市生态文明制度体系,推动我国各类城市生态文明建设。

(四)以标准推动城市可持续发展

我国即将开始的城镇化建设,既不同与欧美城镇化的发展模式,又不同与建国以来的城镇化发展模式[166]。近年来,全球城镇化进程不断加快,带来了巨大的经济效益,与此同时也引起了人口膨胀、资源短缺、环境污染等一系列严重问题,国际组织和发达国家加大了对城市可持续发展标准化的研究工作，要充分借鉴国际、国外运用标准化推动城镇化实现可持续发展的先进经验，系统梳理国内城市发展的经验与教训，积极参与国际标准化工作，力争将我国城镇化建设过程中的成功经验和做法推向国际，为国际标准化做贡献。我国对城市可持续发展的研究起步较早，参与的研究单位包括中科院、社科院和大学，涉及的范围也很广，所开展的研究也主要围绕城市管理的某一方面重点展开。城乡建设部等部委发布了若干涉及城市发展的部门文件，主要包括国家低碳城市标准、国家园林城市标准、国家卫生城市标准、全国无障碍建设城市标准、国家创业型城市标准、国家节水型城市标准、国家宜居城市标准、国家森林城市标准、国家旅游城市标准、国家生态城市标准、国家数字城市标准等。但这些研究和文件基本都是从卫生、宜居、旅游等城市管理的某一方面或某几个方面提出的指标体系并没有涵盖社区可持续发展的经济、社会、环境的各个方面。

我国目前还缺乏城市可持续发展的相关标准。在我国城镇化进程不断加快，国际标准已经起步的背景下，应积极参与可持续发展国际标准制定，并结合我国城镇化发展实际情况加快研究制定城市可持续发展的相关标准，建立城市可持续发展标准体系。

三、城市可持续发展与智慧城市建设[167]

（一）智慧城市兴起的背景

在社会的发展过程中，城市的发展占据了越来越重要的地位，但进入现代社会以来，城市的发展越来越多的面临人口膨胀、资源紧缺、环境污染等压力。为了缓解压力，实现城市的可持续发展，利用新兴科技手段来支撑城市发展的“智慧城市”理念逐步兴起。

1. 全球城镇化进程不断加快

进入现代社会以来，城市以前所未有的方式迅速发展，城镇化率的迅猛增长表现为全球大规模的人口膨胀。城镇化带来了城市人口的快速增长，但人口增长也使城市的就业、居住、能源和基础设施面临更大压力。根据图 43 的中国、世界城市人口比重逐年提高，可以看出无论是当前的城市人口统计还是之后几十年的人口预测，城市面临的人口压力越来越大，城镇化进程将越来越快，世界的城镇化率到 2050 年预计将达到 77.3%[168]。同时可以看出，中国的城市人口比重也快速增长，到 2050 年，中国城镇化率预计将达到 80%[169]。根据联合国《2011 年世界城镇化展望》报告，“城市地区将在

2011 年至 2050 年的 40 年间吸收全部的全球人口增长量，城市居民将增加 26 亿。中国将成为仅次于印度的增长最多的国家。”

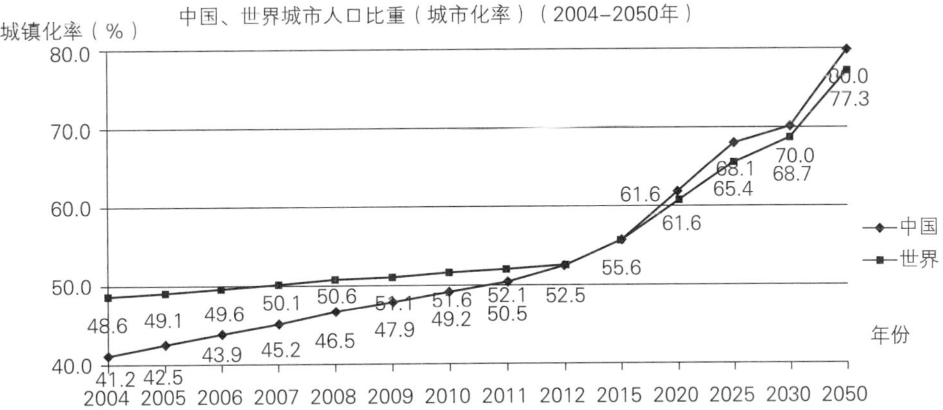

数据来源：2004—2012 年数据来源于世界银行 WDI 数据库；2015—2050 年世界人口比重数据来源于联合国《2011 年世界城市展望》；2012—2050 年中国人口比重数据来源于联合国开发计划署驻华代表处与中国社会科学院城市发展与环境研究所《2013 年中国人类发展报告》

图 43　中国、世界城市人口比重

2. 资源、环境压力越来越大

随着城镇化进程加快，城市面临越来越大的资源、环境压力，集中表现为资源紧缺、环境恶化等。资源紧缺是城镇化发展瓶颈的一大因素。伴随着全球城镇化的推进和人口在城市的迅速增长，使人类在过去一百年对自然资源和能源的消耗，达到人类历史上空前的程度。据调查研究表明，虽然城市面积只占陆地面积的 2%，但生活在城市里的人进行活动所排放出的二氧化碳却占总排放量的 78%。城市人口消耗了工业木材总使用量的 76%、生活用水总量的 60%[170]。巨大的能源消耗和有限的资源直接制约着城镇化的发展。环境污染也一直是城市可持续发展面临的问题。城镇化是伴随着工业化的进程出现发展的，而工业化带来的环境污染一直被视为人类最大的威胁。城市的基础设施、能源动力都是建立在大量现代化工业的基础上的，城市的快速发展必不可少的需要工业、能源的支持。因此，如何在维持促进城市进一步发展的基础上，解决工业化带来的环境污染问题一直是城市可持续发展面临的重大难题。

3. 急需利用科技手段来支持城市发展

随着新技术时代的来临，人们试图利用新兴的科技手段来解决遇到的城市问题。当前，新兴的信息技术在全球迅速发展，云计算、数据中心、物联网、高速光纤、三网合一等新技术层出不穷，这些前所未有的科技手段正在极大的改变人们的生活。新兴的现代科技手段不仅改变了人们的生活方式，使人们的生活更加便利，更重要的是，可以利用这些现代信息技术，来应对城镇化发展的难题，促进城镇化的可持续健康发展。因此，以新兴技术手段为特征的“智慧城市”理念逐步兴起。2006年新加坡“智慧国2015”计划最早提出了智慧城市的定义，2009年IBM提出的智慧地球战略，同样属于“智慧城市”的理念。新加坡的“智慧国2015”计划力图通过发展包括物联网在内的信息技术，使新加坡成为一个由资讯通信所驱动的智慧国家和全球都市。加快建设可持续发展的智慧城市逐步成为世界各国的共识，依靠新兴的科学技术，而使城市得以优化使用有限的资源、使系统更智能化发展的智慧城市正成为世界城镇化发展的一个重要趋势[171]。

（二）智慧城市的内涵

1. 国内外智慧城市的定义

虽然国内外智慧城市的探索与实践较多，但关于智慧城市的内涵和定义却并未形成共识，各国及国际企业、我国各部委及各专家学者均提出了各种智慧城市的定义及内涵，如表17所示。

表17 国内外智慧城市的定义和内涵

序号	提出方	定义及内涵
1	IBM	能够充分运用信息和通信技术手段感测、分析、整合城市运行核心系统的各项关键信息，从而对于包括民生、环保、公共安全、城市服务、工商业活动在内的各种需求做出智能的响应，为人类创造更美好的城市生活
2	日本	在提高市民生活品质的同时，通过不断减轻环境负荷，促进健全经济活动，保持可持续发展的一种新型城市
3	国家发展和改革委员会	智慧城市是当今世界城市发展的新理念和新模式，是城市可持续发展需求与新一代信息技术应用相结合的产物
4	国土资源部	智慧城市是数字城市的智能化，是数字城市功能的延伸、拓展和升华，是通过物联网把数字城市与物理城市无缝连接起来，并利用云计算技术对实时感知数据进行处理并提供智能化服务
5	住房和城乡建设部	智慧城市是通过综合运用现代科学技术整合信息资源、统筹业务应用系统、优化城市规划建设和管理的新模式，是一种新的城市管理生态系统
6	工信部	重点提出了关于智慧城市五方面的工作，即做好统筹规划设计、围绕城市发展重点开展智慧城市建设、发挥信息资源的价值潜能、应用先进适用的信息技术开展智慧城市建设以及确保信息安全

续表

序号	提出方	定义及内涵
7	中国通信标准化协会	智慧城市是指以物联网、云计算、宽带网络等信息通信技术为支撑，通过信息、信息传递及信息利用、实现城市信息基础设施和系统间的信息共享和业务协同、提高市民生活水平和质量、提升城市运行管理效率和公共服务水平、增强经济发展质量和产业竞争能力、实现科学发展与可持续发展的信息化城市
8	两院院士李德仁	智慧城市是城市全面数字化基础之上建立的可视化和可量测的智能化城市管理和运营，即数字城市＋物联网＝智慧城市
9	国务院发展研究中心研究员陈宝国	智慧城市即是将信息技术广泛应用于基础设施以及政治、经济、文化、社会生活等各个领域，使城市变得“聪明”起来

资料来源：① IBM.智慧的城市在中国[R].2010.

② 日本智能城市门户.Smart City(智能城市)[OL].http://jscp.nepc.or.jp/cn/smartcity.html,2014－4－25.

③ 仇宝兴.中国智慧城市发展研究报告(2012～2013年度)[M].北京:中国建筑工业出版社,2013:4－5.

④ 桑梓勤.智慧城市与可持续发展[J].电信网技术,2013(4):22－24.

我们可以看到，上述定义的侧重点各有不同，IBM的概念推出了各种“智慧”解决方案，包括智慧的电力、智慧的医疗、智慧的交通等一系列战略，日本对智慧城市的内涵理解侧重在节能减排及发展太阳能、风力等再生能源方面，着重放在新生能源方面以更好的为城市基础设施提供长久的能源动力。发改委对智慧城市的定义侧重于强调智慧城市是一种新理念，较为全面宏观。国土资源部基于我国长久以来的数字城市建设成果，侧重数字管理。住房和城乡建设部主要是从城市管理的角度入手的，认为其是一种新的城市管理生态系统。工信部对于智慧城市的建设意见比较全面，致力于多个领域的共同建设。各专家的侧重也有所不同。

总的来说，国外较为强调智慧城市在基础设施方面新技术利用，以期通过各类技术的综合应用，为实现城市的可持续发展提供有力支撑。我国对智慧城市的理解则更为多样化，并未对智慧城市内涵形成一致理解。

2. 明确智慧城市内涵的必要性

在国内外对智慧城市定义的探讨中，我们可以看到智慧城市的建设备受关注，国内外均在研究如何进行智慧城市的建设。但这些诸多的探讨也表明我国对智慧城市并未达成统一认识，对其理解千差万别。在智慧城市的定义内涵未达成统一认识的情况下，各方纷纷进行大规模试点建设，导致我国的智慧城市建设受到了一定影响。

智慧城市建设备受国内外关注，所以即使各方对智慧城市的理解不一，我国仍然在大力推广智慧城市的建设,从中央到地方都投入了较大的物力财力。科技部在2010年将武汉和深圳确定为全国智慧城市试点城市,当时武汉出资1000万做了智慧城市规划设计。工信部2012年就启动了智慧城市试点(1省2市,浙江省、常州市、扬州市),主要是由电信运营商作为主体参与开展了相关技术研发、生产制造、运营服务、人才培训等工作。2013年1月和8月,住建部先后公布了两批共193个智慧城市试点名单,掀起了新一轮的智慧城市建设高潮。而继住建部之后,国家测绘地理信息局也于2013年8月13日发布新闻,将其主导的数字城市建设向智慧城市建设全面升级。

虽然我国大陆的智慧城市建设十分努力,投资较大、试点较多,但由于各方没有对智慧城市形成统一理解,导致智慧城市建设受到一定影响,集中表现为,无论是美国还是欧洲公布的关于智慧城市的排名,并无大陆城市在内。全球智慧社区论坛(Intelligent Community Forum,简称ICF)从2002年起发布"全球7大智慧城市"榜单,2014年的7个城市分别是美国弗吉尼亚州的阿灵顿,美国俄亥俄州的哥伦布,中国台湾新竹,加拿大安大略省金斯顿,中国台湾新台北,加拿大安大略省多伦多,加拿大曼尼托巴温尼伯[172]。名单中有北美、欧洲及中国台湾地区的城市,但没有大陆城市入选。

这一事实表明,虽然我国十分重视智慧城市建设,但由于对智慧城市内涵的理解不同,导致智慧城市建设受到影响。因此,本文认为应在梳理国内外各种含义的基础上,提出一个确切的智慧城市定义,促进形成对智慧城市内涵的一致理解。

3.智慧城市的内涵

通过系统分析国内外智慧城市的定义,结合我国智慧城市的建设情况,我们认为智慧城市应有几个方面的问题需要明确。

首先,智慧城市的核心在于以人为本。近些年来,党和国家不断强调人民的美好生活的重要性。习近平总书记在十八大上指出"人民对美好生活的向往就是我们的奋斗目标。"[173]李克强总理在2014年两会的政府工作报告中指出"政府工作的根本目的是让全体人民过上好日子[174]。"国家建设的目的都在于人民的美好生活,因此,在智慧城市的建设中,如何让城市居民生活的更便利,使城市居民生活的更美好才是智慧城市建设的核心。

其次,智慧城市的根本目的是推动、实现可持续发展。智慧城市本质上就是一种为了达到可持续发展目的的新兴城市发展理念和方式,可持续发展是智慧城市要达到的最终目的。一方面,智慧城市是实现可持续发展的一种治理方式,其兴起背景就是在人类发展过程中,城镇化的迅速扩展导致面临一系列的人口、资源、环境问题。为了解决这些问题,实现人类的可持续发展,才兴起了以新兴技术解决城市发展问题的智慧城市理念。另一方面,推动人类社会的可持续发展是智慧城市的最终目的,建设智慧城市的过程,也是在利用新兴技术探索如何可持续发展的过程[154]。智慧城市就是要通过运用信息技术迅速、灵活、正确地感知、理解并处理城市经济发展、社会进步和环境保护等各方面事务，进而全面提升城市居民生活品质，最终实现可持续发展。

最后，建设智慧城市需要新一代信息技术的支持。通过运用信息技术迅速、灵活、正确地感知、理解并处理城市经济发展、社会进步和环境保护等各方面事务是智慧城市运作的必要条件。智慧城市的特色就在于应用新一代信息技术恰当迅速地解决城镇化发展带来的诸多问题。在这一解决过程中，如何利用信息技术迅速灵活正确地感知、理解并处理问题是智慧城市探讨的重要技术问题。一切问题的解决以获得新一代信息技术支持为前提。

基于这几点分析，我们得以给出智慧城市的定义：按照"以人为本"的原则，通过运用信息技术迅速、灵活、正确地感知、理解并处理城市经济发展、社会进步和环境保护等各方面事务，全面提升城市居民生活品质，有力支撑城市可持续发展的一种新型城市发展理念和模式。同时，基于上述我国与世界其他国家的智慧城市定义的比较分析，我们认为我国的智慧城市应当有战略、分阶段的展开建设，我国对智慧城市的侧重点应从信息技术为主转为首先重视基础设施的建设。

（三）智慧城市国际标准化进展情况

标准化是智慧城市的基础性工作，是推动云计算、物联网、大数据等相关技术在智慧城市建设过程中应用的关键，是推进全球各国智慧城市健康、有序发展的重要技术保障。2012 年以来，智慧城市成为主要国际标准化组织的工作热点。国际标准化组织（ISO）于 2012 年 2 月成立了 ISO/TC 268 城市可持续发展技术委员会和 ISO/TC 268/SC1 智慧城市基础设施量化评估分技术委员会，并于 2013 年 9 月在 ISO 的技术管理理事会（TMB）成立了智慧城市任务组；国际电信联盟（ITU-T）的环境和气候变化研究组于 2013 年 2 月成立了"可持续发展智慧城市焦点组"（ITU-T/SG 5/FG SSC）；国际电工委员会（IEC）于 2013 年 6 月成立了"智慧城市系统评估组"；ISO/IEC JTC1 于 11 月成立了"智慧城市研究组"（ISO/IEC JTC1/SG1）。中国、法国、德国、日本、韩国、新加坡、西班牙、美国、英国等国家也已启动了智慧城市标准体系规划、路线图制定和基础标准研制，并在积极参与和推动国际智慧城市标准化。

为了促进我国智慧城市建设的协调统一发展，有必要考察梳理国际智慧城市标准化的进展情况，以期借鉴制订我国的智慧城市标准化体系。经资料检索整理，国际智慧城市标准化发展状况如表 18。

表 18 智慧城市国际标准化进展

序号	组织	时间	智慧城市标准的相关现状
1	ISO/TC 268 Sustainable Development in Communities（城市可持续发展技术委员会）	2012 年 2 月	ISO/DIS 37101 城市可持续发展与恢复 管理体系 基本原则和要求 ISO/CD 37102 城市可持续发展与恢复 管理体系术语 ISO 37120:2014 城市可持续发展 关于城市服务和生活品质的指标 ISO /TR 37121 城市可持续发展与恢复指标体系回顾 ISO/PWI 37122 城市可持续发展 智慧城市指标 ISO/PWI 37123 城市可持续发展 城市恢复力指标
2	ISO/TC 268/SC1 Smart Urban Infrastructure Metrics（城市智能基础设施量化评估分技术委员会）	2012 年 2 月	ISO/TS 37151:2015 智慧城市基础设施绩效评价原则和要求 ISO/TR 37150:2014 智慧城市基础设施评估 ISO/DTR 37152 智慧城市基础设施 开发与运营通用框架 ISO/PWI 37153 智慧城市基础设施 性能和集成成熟度模型
3	ISO/IEC JTC 1 1/SG Smart Cities（智慧城市研究组）	2013 年 11 月	负责 JTC1 内智慧城市标准工作整体安排，并与其他 ISO、IEC、ITU-T 及各相关开展智慧城市标准化的国际组织/协会进行联络协调
4	ITU-T SG5 Focus Group on Smart Sustainable Cities（可持续智慧城市焦点组）	2013 年 1 月	致力于为城市、院校、研究机构、非政府组织、ICT 组织、行业协会等相关方搭建一个开放平台，联合研究基于 ICT 的智慧城市标准化框架
5	IEC System Evaluation Group Smart Cities（智慧城市系统评估工作组）	2013 年 6 月	对 ISO 和 IEC 涉及智慧城市的标准化工作现状进行评估，并制定 IEC 的智慧城市标准化工作计划
6	CEN/CENELEC/ETSI SS-CC—CG（智慧 & 可持续城市与社区协调组）	2013 年 4 月	推动欧盟城市可持续发展标准化工作，促进欧盟城市实现可持续发展

续表

序号	组织	时间	智慧城市标准的相关现状
7	PASC Pilot Project（太平洋地区标准大会试点项目）	2013 年	设立试点项目（Pilot Project），以推动 PASC 成员积极参与 ISO/TC 268/SC1 智慧社区基础设施的国际标准化工作
8	DIN（德国标准化学会）	2013 年 5 月	德国标准化协会（DIN）与德国电子与信息技术标准化委员会（DKE）制定了《德国智慧城市标准化路线图》
9	BSI（英国标准协会）	2012 年	发布了《智慧城市标准化战略》，启动《智慧城市框架：智慧城市和社区决策者的实践指南》及《智慧城市术语》，2013 年 6 月发布《标准在智慧城市中的地位》

资料来源：① 中国标准化研究院. 智慧城市标准化研究报告[R]. 2013.
② 中国电子技术标准化研究院. 中国智慧城市标准化白皮书[R]. 2013.

总的来说，国际智慧城市标准化工作的迅速发展表明了两个方面的内容。一是国际组织和世界各国十分重视此项智慧城市标准化的建设，投入了大量的人力物力推动其发展。工作组、智慧城市战略大多于 2012—2013 年成立、出台，并在短短的一两年之内准备正式发布一些相关的智慧城市标准[175-176]，如 ISO/TC 268/SC1 负责的 ISO/TR 37150 和 ISO/TS 37151 已经出版，ISO 37152 和 ISO 37153 也已开始研制。二是各标准化国际组织之间的交流合作有待加强，应尽快合作出台通用的基础标准。在上图中可以看到，国际标准化组织的智慧城市小组几乎都在制订各自的智慧城市发展计划，而相互之间的合作交流有待进一步提高。特别在智慧城市标准的通用术语方面，虽然各机构基本都有了各种的发展计划草案，但却并没有一套作为基础的全球通用术语，长此以往，各组织机构的智慧城市标准建设将会变成各说各话的状况。在 2014 年 2 月，ISO/TMB 第 59 次会议前召开的智慧城市国际标准化交流会中，三大国际标准化组织 ISO、ITU、IEC，以及中国、德国、荷兰的代表均表示要加强智慧城市标准化的合作，共同推进智慧城市基础、通用标准的研制[177]。

（四）智慧城市的标准体系

在国际上，国际标准化组织和各国都在积极进行智慧城市的标准化建设，推动智慧城市的标准化越来越重要。在我国，发改委也提出“标准化是智慧城市的基础性工作，应加速推进重点急需标注的制定和修订”。国家标准委成立了国家智慧城市标准化总体组推进我国智慧城市的建设工作。发改委、工信部、住建部都已积极推进了智慧城市的试点计划，智慧城市的建设已如火如荼。但由于各方的概念理解略有差异，并不利于我国智慧城市的发展建设，因此制定一个统一的智慧城市标准体系尤为必要。

1. 现有的智慧城市标准体系

2013 年 6 月中国电子技术标准研究院—智慧城市应用工作组在调研的基础上发布了《中国智慧城市标准化白皮书》，提出了我国智慧城市标准化路线及体系建议，其中提出了一个智慧城市标准体系框架，由五个类别的标准组成，分别为：智慧城市基础标准，智慧城市支撑技术标准，智慧城市建设管理标准，智慧城市信息安全标准，智慧城智慧城市应用标准[176]。

2013 年中国城市科学研究会、全国智能建筑及居住区数字化标准化技术委员会在《中国智慧城市发展研究报告》中也提出了一个智慧城市技术标准体系框架及实施建议，智慧城市标准体系架构分为 8 个部分：总体标准、感知控制层标准、网络传输层标准、数据层标准、服务支撑层标准、应用服务层标准、安全标准、智慧城市管理标准[178]。

2014 年任冠华、宋刚提出了一个智慧城市建设标准体系。其框架共包括 7 个分体系：基础类标准、数据类标准、应用类标准、设施类标准、安全类标准、管理类标准、服务类标准。各分体系有分别包括若干项二级类目[179]。

2. 基于可持续发展的智慧城市标准体系

现有的智慧城市标准体系较为清楚、分类明晰，但更偏重于技术方面，如中国城市科学研究会、全国智能建筑及居住区数字化标准化技术委员会提出的智慧城市体系的感知控制层、网络传输层、数据层等标准完全是技术标准，对智慧城市建设的总体把握有待进一步提高。智慧城市的建设是一个综合性、跨行业、跨部门综合性的工作，智慧城市标准体系应宏观、微观相结合、管理与技术相结合。因此，基于 ISO 城市可持续发展标准化发展情况，并借鉴已有标准体系的基础上，提出了智慧城市标准体系。智慧城市标准体系应分为三大类：基础标准、通用标准和专用标准。

(1) 基础标准。是智慧城市的总体性、框架性、基础性标准和规范，包括智慧城市的术语、智慧城市的图形符号、智慧城市的指南等标准。

(2) 通用标准。是指在经济、社会、环境三大应用领域都可以适用的一些标准。包括智慧城市的规划、管理、安全、评价等标准。

(3) 专用标准。是在智慧城市在建设过程中应用的一些具体技术标准。包括感知标准、通信标准、数据及服务支撑标准、应用等层面的具体技术标准。感知标准主要包括自组网和短距离传输网、数据和视频信息采集两大类。通信标准主要指网络通信、传输标准,主要是指智慧城市网络之间的通信协议、信息传递与共享等方面的标准。数据及服务支撑标准是智慧城市的支撑技术标准,数据支撑标准主要包括数据编码、数据存储、数据交换、数据整合、数据处理等内容。服务支撑标准是指智慧城市网络的共性支撑技术,是从网络底层直到城市综合信息服务平台都要执行的技术标准。智慧城市的应用标准是指智慧城市典型行业或领域的技术参考模型、标准应用指南等标准及规范,是根据具体领域的业务需求,对及时掌握的各类感知信息进行综合加工、数据挖掘和智能分析,辅助统计、分析、预测、仿真等手段构建的智慧应用体系。

(五)推进智慧城市标准化发展的建议

1. 进一步整合国内力量,统一意见,共同推进智慧城市标准化发展

在上述国际社会智慧城市标准化的发展经验和我国当前智慧城市的建设情况中,均存在智慧城市建设发展较快但合作交流不足的状况。为推进我国智慧城市标准化建设,应进一步整合国内力量,统一意见,共同推进智慧城市标准化发展。2014 年 3 月,我国国家标准化管理委员会已成立了国家智慧城市标准化协调推进组、总体组和专家咨询组,以统和全国力量促进智慧城市的标准化建设[180]。工作组的成立加强了我国智慧城市标准化工作的统筹规划和协调管理,但各小组仍有必要进一步发挥其作用。建议工作组在今后的智慧城市标准化建设过程中,应吸纳更多的单位和专家参与工作,统合多方力量进行建设。同时,鉴于各方力量较多,各专家单位的研究应各有侧重,应在发挥各自专长的基础上协调发展。

2. 智慧城市是一个长期建设的过程,建议应分阶段、有重点的进行

在智慧城市的内涵部分我们已经有所论述,智慧城市是一种全面、复杂的新兴城市发展理念和模式,必须分阶段、分领域建设,并坚持从易到难、从简单到复杂的原则,逐步展开。到目前为止,国际社会和发达国家对智慧城市的建设仍然注重的是基础设施的建设,而我国大部分省市地区对智慧城市的建设采取的是全方位展开,两三年内建成的战略。全国 650 多个城市中,有近 2/3 的城市提出了全面建设智慧城市的计划,其中南通政府 2014 年曾表示,力争到 2017 年年底前基本建成国家级智慧城市[181]。虽然各地推进城市建设的努力值得赞赏,但这样的发展计划并不符合智慧城市的发展规律。智慧城市的建设需要有重点、分阶段的进行,不可能一蹴而就。而现阶段的建设重点是集中力量推进信息技术在基础设施建设和改造中的应用。只有把这一基础打好,才能进一步建设智慧城市的其他方面。

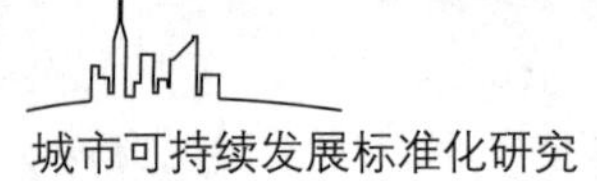

3. 现阶段我国智慧城市标准化重点工作的建议

首先，当前我国智慧城市标准化的重点应在于基础标准、通用标准的建设，特别是基础的术语方面，这样才能使对口国际标准化机构统一口径，进行下一步的深入研究探索。在基础的术语没有统一的情况下，很难说能够进行一个系统的智慧城市标准化建设。

其次，推进我国智慧城市标准化进一步发展，要充分考虑到现有的国家试点和相关建设经验，不能放弃已有的建设推倒重来。在确定智慧城市含义必要性的部分中，我们已详细列举了全国对智慧城市建设的投入，住建部、工信部、科技部、国家测绘地理信息局等部委都有智慧城市试点计划。其中，住建部公布的2013年度国家智慧城市试点名单中，试点总数已达193个。2013年4月，继国开行提供不低于800亿元的投融资额度后，又有多家商业银行表示将支持智慧城市建设，相关投资超过4400亿元[182]。根据国家信息中心的预估，“十二五”期间，全国将有600～800个城市建设智慧城市，总投资规模将达2万亿元。我国智慧城市的建设已投入了较多的人力物力，现阶段推进智慧城市标准化工作，不能摒弃已有的建设而完全凭空设立标准。应当在吸收全国各城市探索经验的基础上制定我国各城市易于接受的智慧城市标准，并将中国实践经验引入国际标准，向全球推广。

四、城市可持续发展与基础设施建设[183]

城市基础设施是城市可持续发展的基础，是城市联合国千年发展目标的重要保障。未来一段时间，由于世界各国(特别是发展中国家)城镇化发展，城市基础设施的需求不断扩大，OECD报告预测，到2030年全球基础设施建设需求超过53万亿美元[184]。因此，如何评价城市基础设施发展状况是各国普遍关注的问题。

(一) 规范城市基础设施建设是推进城市可持续发展的重要保障

城市公共基础设施是支撑城市实现可持续发展的重要技术基础。首先，公共基础设施是城市各生产部门运转、促进经济发展的基础，而且经济越发展，对公共基础设施的要求越高。完善的基础设施对加速城市经济活动，促进其空间分布形态演变起着巨大的推动作用。例如，城市交通和通信系统的发展为专业化分工创造了生产要素和产品的空间转移及交易的提供了便利条件，并且促进了经济活动在地理上的集中，从而降低了企业的平均成本，使得规模经济效益的得以实现；与此同时，经济的规模化发展又产生了对基础设施和其他社会服务的需求，形成良性循环；反之，如果基础设施建设落后，则会增加企业成本，降低企业经济效益。

其次，城市公共基础设施与城市生态环境紧密相关联，其建设和完善一般以自然资源的加工和利用为基础，受到自然条件与城市环境的制约，对城市公共基础设施管理和服务体征测度加以研究有助于合理利用自然资源，保护城市的生态环境。城市生态的可持续发展是由城市的供水能力、空气质量以及卫生和废弃物管理等环境基础设施决定。一方面，城市公共基础设施能清除和处理城市垃圾和废弃物，基础设施的水平决定了城市环境的优化能力；另一方面，城市基础设施各部门相互依存和影响，例如对固体垃圾的管理和处理不善容易导致城市排污系统受损，降低饮用水质量。因此，只有综合协调城市基础设施建设的各个部门，才能实现生态环境保护的目的。而且，城市生态环境的提升也有利于提升投资环境，吸引外来投资，从而促进城市公共基础设施的进一步改善和发展。

再次，城市公共基础设施的建设本身就是服务于城市居民生活和社会各项事业的，其完善也有利于城市居民素质的提升以及城市人文和社会环境的优化，促进城市的全面发展。这一点对于城市贫民尤其重要，基本基础设施的具备与否是衡量城市社会福利发展水平的根本标准，在此意义上，城市公共基础设施也是消除贫困、实现社会公平的重要保障。例如，公共交通的覆盖范围与交通成本的高低直接关系到城市贫民的就业状况，公路和供水系统的建设能够提供就业机会，从而减少贫困。

而且，作为城市正常运行和健康发展的物质载体，城市基础设施有利于促进经济结构调整和经济发展方式转变，拉动投资和消费增长，扩大就业，促进节能减排。在经济结构的调整方面，公共基础设施的建设与合理配置能够促进生产范围的扩大和交换能力的提高，从而改变需求的结构；同时其建设不仅能增加第二、第三产业经济效益和就业机会，也能带动相关配套产业及上游产业的发展，例如铁路业的发展促进了钢铁业和通信业的发展。在拉动投资上，基础设施的水平及服务质量直接关系到投资者的风险与交易成本，薄弱的基础设施不利于中小型企业的产生与发展，影响到私人投资的力度。世界银行研究表明，基础设施成本高、不配套和短缺是商业环境中的主要问题，这对于中小型企业尤其重要。但是，总体上看，当前我国城市基础设施总量不足、标准不高、运行管理粗放。这些问题导致我国城市经济发展方式仍旧较为粗放，对城市环境产生了诸多不利影响，严重阻碍了我国的城镇化进程，也损害了城市的长远发展利益。因此，完善城市基础设施相关测度技术方式和标准要求，提高城市基础设施运行效率和质量，有利于增强城市综合承载能力、提高城市运行效率、改善城市人居环境、促进城市经济发展、稳步推进新型城镇化建设。

城市公共基础设施是城市居民生活和经济发展的物质前提，我国在有关经济发展和城市建设的规划中将城市基础建设作为重点要求，并且制定了具体目标。“十二五”规划纲要明确了基础设施领域的重点任务，分别从优化投资结构、协调区域发展、完善城镇化布局和形态、促进生态保护和防灾体系建设、推进科技创新等方面提出了完善基础设施建设的要求。2013年《国务院关于加强城市基础设施建设的意见》指出：“城市基础设施是城市正常运行和健康发展的物质基础，对于改善人居环境、增强城市综合承载能力、提高城市运行效率、稳步推进新型城镇化、确保2020年全面建成小康社会具有重要作用。当前，我国城市基础设施仍存在总量不足、标准不高、运行管理粗放等问题。加强城市基础设施建设，有利于推动经济结构调整和发展方式转变，拉动投资和消费增长，扩大就业，促进节能减排。”《意见》将科学管理作为加强城市基础设施建设的要求之一，认为应当“要建立完善城市基础设施建设法律法规、标准规范和质量评价体系”“提升城市管理标准化、信息化、精细化水平”。2014年《国家新型城镇化规划(2014—2020年)》将推进智慧城市建设作为城镇化的重要目标和要求，智慧城市的要求和特征之一便是“基础设施智能化”。由此可见，城市公共基础设施管理和服务体征测度技术方法的研究和运用是城镇化的重要环节，也是我国城市规划的要求和政策的需要。

（二）城市基础设施的范围和评价模型

城市公共基础设施的范围，国际上大致能够达成较为一致的意见，即包括能源、交通、邮电、供水供电、商业服务、科研与技术服务、园林绿化、环境保护、文化教育、卫生事业等市政公用工程设施和公共生活服务设施在内的为城市各生产部门和居民生活提供物质条件和公共服务的物质工程设施。根据不同的标准可以进行多种分类，国际标准也对城市公共基础设施提出了相应的标准要求，在国际标准化工作与研究中，城市基础设施的范围主要关注涉及城市居民基本生活和公共服务相关方面。例如ISO 37120(城市的可持续发展和恢复能力——关于城市服务和生活质量的指标)草案中涉及城市公共基础设施的指标主要集中在能源、水、交通、废弃物以及ICT等方面，与上述城市公共基础设施的范围存在交叉与重合。由此，在国际标准化工作与研究领域，城市公共基础设施的主要范围是能源、水、交通、废弃物、应急措施、环保系统等方面，其主要特征是与城市居民的基本生活休戚相关。因此城市基础设施包括能源、水、交通、废弃物、ICT及其他六大类城市公共基础设施。

城市公共基础设施体征测度模型是城市公共基础设施指标管理体系的基础，我们根据城市公共基础设施建设和服务的特征，建立和找出符合国际通行做法和我国实际情况的城市公共基础设施管理和服务体征测度模型和方法，综合集成应用多源异构信息挖掘的关键共性方法，开发基于城市公共基础设施管理和服务体征测度技术方法的测评系统，并且以此模型为参考，建立起城市公共基础设施指标体系。以下是我们提出的城市公共基础设施体征测度模型，见表19。在这一模型框架下我们也进一步列出了相应的典型指标。

表19　城市公共基础设施体征测度模型

基础设施	能源			水及卫生			交通				废弃物		ICT			其他
	电力	燃气	供暖	饮用水	卫生设施	废水	道路交通	铁路	航空	海河运	固体垃圾	危险垃圾	互联网	固定电话	移动电话	
规模																
结构																
效率																

这一模型主要以横向和纵向两个维度为基础建立，横向维度主要是针对作为研究对象的每一类基础设施所包括的种类展开研究，如能源，包括电力、燃气（并不是所有城市都有天然气，也有可能是液化气）、供暖（北方城市）等等。纵向维度包括基础设施的规模、结构和效率三个方面，这三个方面都注重强调人的核心地位。

规模是指一定人口年拥有或消耗的总量，如人均用电量，人均生活用电量。它能反映基础设施及其运行的大致总体数据，是衡量城市公共基础设施总体水平的重要尺度，有助于我们从宏观上把握基础设施的建设水平和服务质量。

结构是指享受到该基础设施的城市居民所占比例，或该基础设施的分布情况或者覆盖率，如获得授权使用电力的人口百分比，公共建筑消费占城市总消费的百分比，可再生能源占城市总能源消费的百分比。它能反映基础设施的运行结构与服务受众的具体比例，是衡量城市公共基础设施建设和运行合理性的主要标准，有助于我们及时掌握基础设施的运行动态。

效率是该基础设施为城市居民提供服务的效率、质量（稳定性、安全性等）以及设施维护状况，如每年每户平均供电中断次数，供电中断的平均时长等。它能反映城市公共基础设施建设和运行的有效性，是基础设施建设和服务的终极标准。

（三）城市基础设施评价指标体系

基于城市基础设施评价模型，从能源、水及卫生、交通、废弃物、ICT和其他六个方面，按照规模、结构和效率三个层面，按照筛选指标，构建城市基础设施评价指标体系，如表20所示。

表 20 城市基础设施评价指标体系

基础设施		规模			结构				效率		
能源	电力	人均年用电量	人均年生活用电量		获得授权使用电力的人口百分比	公共建筑消费占城市总消费的百分比	可再生能源占城市总能源消费的百分比		每年每户平均供电中断次数	供电中断的平均时长	
	燃气	城市人工煤气供气总量	城市天然气供气总量	城市液化石油气供气总量	城市人工煤气家庭用户占用气总户数百分比	城市天然气家庭用户占用气总户数百分比	城市液化石油气家庭用户占用气总户数百分比		城市人工煤气燃气损失量	城市天然气燃气损失量	城市液化石油气燃气损失量
	供暖	蒸汽供热总量			热电厂蒸汽供热所占百分比				蒸汽供热能力		
水及卫生	饮用水	人均生活用水量	总人均用水量		城市人口饮用水供应的百分比	可持续获得经过改善的水源的城市人口百分比			每户年平均停水时间	水损失百分比	
	卫生设施	供水管道长度			提供改善卫生设施的人口比例				综合生产能力		
	废水	废水排放总量			雨污合流管道占排水管道总长度百分比				再生水生产能力		
交通	道路交通	每10万人高容量公共交通公里数	每10万人轻型客车交通系统的公里数	年人均公共交通里程数	人均私家车数	交通方式划分	人均两轮机动车数量	每10万人自行车道公里数	每10万人交通事故死亡数		
	铁路	始发列车数量			有年人均火车里程数占年人均公共交通里程数的百分比				火车准点率		
	航空	商业航空连接能力(直飞地点)			民用航空客运量占客运总量百分比				航班延误率		
	海河运	水运客运总量			水运客运量占客运总量百分比				客运船舶事故发生率		
废弃物	固体垃圾	人均收集固体垃圾总量			享受定期固体垃圾收集人口比例				固体垃圾回收率(无害化处理率)		
	危险垃圾	人均危险垃圾产生量			危险垃圾百分比				危险垃圾回收率		
ICT	互联网	每10万人互联网连接数量			已入网用户百分比				每户年平均断网次数		
	固定电话	每10万人固定电话数量			已入网用户百分比				每户年平均中断服务次数		
	移动电话	每10万人移动电话数量			已入网用户百分比				每户年平均中断服务次数		

（四）推进城市基础设施可持续发展的建议

1. 在坚持可持续发展的前提下加强城市公共基础设施建设与投入

城市公共基础设施是城市运作的物质载体，也是城市居民正常生活的重要物质基础。可持续发展的目标在于城市环境、人口和经济协调发展，城市公共基础设施建设作为城市发展的前提条件，也必须遵循可持续发展的客观规律。科学地规划和建设城市公共基础设施必须以科学发展观为指导，坚持可持续发展道路。应当坚持以人为本，围绕改善民生、保障城市安全、投资拉动效应明显的重点领域，加快城市基础设施转型升级，促进城市基础设施水平的全面提升。例如在城市交通基础设施方面，应当加大对公共交通的投入，积极发展大容量公共交通，树立行人优先的理念，改善居民出行环境，保障出行安全，倡导绿色出行；在废弃物处理方面，加大处理设施建设力度，提升生活垃圾处理能力，力求城市生活垃圾处理减量化、资源化和无害化，促进城市生活垃圾的循环利用。另外，在坚持可持续发展，建设基础设施的同时也要确保政府的投入，推进城市基础设施的投融资体制和运营机制改革，以此确保城市公共基础设施建设能够顺利进行。

2. 建立和完善城市公共基础设施评价体系

城市公共基础设施建设过程中，需要使用正确的方法对其进行测试和评估；在建成投入使用之后，也需要定期的维护和管理；对于其实施和运行效果，也需要通过科学的方法进行检验，以提出改进和完善建议。这是城市公共基础设施建设的重要工作，对于明确城市公共基础设施的发展方向具有指导意义。为此，应当按照不同规模城市的特点，研究确定城市公共基础设施管理和服务的体征测度模型，从规模、结构和质量三个方面选取共性关键指标，找出符合国际通行做法和我国实际情况的城市公共基础设施管理和服务体征测度模型和方法，综合集成应用多源异构信息挖掘的关键共性方法，开发基于城市公共基础设施管理和服务体征测度技术方法的测评系统，这一测评技术方法可以从宏观上把握城市公共基础设施的管理和服务状况。

3. 加快城市公共基础设施管理和服务的标准化工作进程

2013 年《国务院关于加强城市基础设施建设的意见》指出“要建立完善城市基础设施建设法律法规、标准规范和质量评价体系”“提升城市管理标准化、信息化、精细化水平”。在城市公共基础设施建设中，不仅要科学规划、正确实施、建立和适用正确的体征测度模型，还应当建立城市指标体系，使用这些具体的指标从微观上衡量城市公共基础设施管理和服务的工作成果。根据 ISO37120 的应用和评估结果，我国城市基础设施管理和服务的指标体系已经初步建立，但是仍需进一步完善。在具体使用时，出现了较多数据缺失的状况，因此在适用现有指标体系时，应当做出更为细致的统计和分析。并且我国领土辽阔、城市众多，地域差别较大，在使用城市指标对城市公共基础设施管理和服务进行评估时应当尽可能覆盖不同类型和发达程度的城市，以对我国的城市公共基础设施建设和管理状况做出较为全面的评估。

4. 深入开展城市公共基础设施管理和服务的体征测度模型和指标研究

目前我们已经开始建立起城市公共基础设施管理和服务的体征测度模型，分别从规模、结构和效率三个方面对城市基础设施管理和服务提供宏观的考量，并且依此模型建立起城市公共基础设施管理和服务的指标体系，对城市基础设施的建设和运行进行微观的指导与评估。下一阶段，应当进一步深入研究城市公共基础设施管理和服务的体征测度模型与相应指标，逐步完善和细化模型考虑因素与相应指标体系。并且对于模型的应用以及指标数据的统计，应当更加全面和细致，尽可能较多考虑不同发展特点的城市，结合城市发展具体情况进行深入分析，从而能对我国城市公共基础设施管理和服务有全面正确的认识。

五、城市可持续发展与安全保障能力

（一）城市安全保障能力建设的背景

1. 城市可持续发展与安全保障是国际标准化工作的重点

2012 年，ISO/TC 268 成立以来致力于开展城市可持续发展标准化研究，涉及恢复能力评估方面的国际标准。而成立于 2001 年的 ISO/TC 223 公共安全，其工作范围包含恢复力方面的国际标准。2013 年年初，由于 ISO/TC 268 的工作范围中涉及“恢复”，ISO/TC 268 向 ISO/TMB 提出更名为“城市可持续发展与恢复”的提议。2013 年 2 月，ISO/TMB 在充分考虑 ISO/TC 268 和 ISO/TC 223 工作范围的基础上，在 ISO/TMB 第 56 次会议中做出决议“拒绝 ISO/TC 268 更名请求，其名称仍为：城市可持续发展。要求 ISO/TC 268 和 ISO/TC 223 建立紧密联络关系并共同工作，以划清两个委员会工作范围内可能交叉的地方，特别是恢复领域。”2014 年，ISO/TMB 决定整合涉及安全的 ISO/TC 223、ISO/TC 247 和 ISO/PC 284，成立 ISO/TC 292 安全。ISO/TC 268 和 ISO/TC 292 也已建立联系，共同开展涉及恢复能力的国际标准研制工作。

城市的安全保障能力是城市可持续发展的重要基础。道萨迪亚斯（C. A. Doxiadis）指出“一个城市必须在保证自由、安全的条件下，为每个人提供最好的发展机会，这是人类城市的一个目标。”城市安全是一个永恒的话题，自从城市形成那天起，安全就始终处于重要的位置，城市安全是社会、经济和政治秩序的重要保证。国际组织和世界各国十分关注城市安全保障能力建设，对城市安全保障能力评估是研究重点之一[185]。

2. 我国城市安全问题突出

改革开放30多年来，我国工业化、城镇化发展步伐加快，人们在向城市集聚、享受城市诸多便利的同时，也承受着包括生产安全、生活安全与职业健康安全在内的诸多"城市病"的困扰。城市系统的复杂性使灾害事件的后果更趋严重，城市安全发展是适应城市经济社会发展新特征的迫切需要。随着城镇化、工业化、信息化、国际化、市场化的不断深入，我国城市经济发展呈现新特征。城乡一体化，使得一些地方许多城中村、城乡结合部的整体素质依然较低、低端产业较多、各类事故易发多发；人口密集化，人口大集聚、大流动，一旦发生事故，造成的生命财产损失会更大；设备大型化，带来相对集中的高势能、高动能和高热能，发生事故时会带来更大的破坏力；运行高速化，地铁、汽车、飞机、高铁等交通工具运行速度越来越快，给事故预防和应急处置带来新的难题；高度关联化，城市具有"人口集中、建筑集中、设施集中、生产集中、财富集中"的特点，如果安全事件应急处置不当，会影响城市乃至社会和谐稳定。

3. 构建安全保障型城市评价指标体系的意义

党的十八届三中全会提出：创新社会治理，必须着眼于维护最广大人民根本利益，最大限度增加和谐因素，增强社会发展活力，提高社会治理水平，维护国家安全，确保人民安居乐业、社会安定有序。要改进社会治理方式，激发社会组织活力，创新有效预防和化解社会矛盾体制，健全公共安全体系。设立国家安全委员会，完善国家安全体制和国家安全战略，确保国家安全。建设"安全保障型城市"正是这一目标的具体体现。创建安全保障型城市，构建安全保障型社会，是实现我国安全发展的必然要求。

对安全保障型城市的评价指标体系的研究，为推进创建安全保障型城市工作提供有效管理工具和评价依据，可以促进社会的安全发展、和谐发展；通过评价指标体系的实施和对比分析，及时发现薄弱环节，采取针对性改进措施，以评促建，逐步提升城市安全水平。

建立安全保障型城市的评价指标体系，对城市安全进行评价，一方面可以深入了解城市的安全状况，为推进创建安全保障型城市工作的持续改进提供有效管理工具和评价依据，有效防止和减少各种安全事故的发生，实现经济社会的安全发展、转型发展、和谐发展。另一方面通过评价指标体系的对比分析，找出城市运行过程中潜在的各种不利因素，及时发现和掌握创建安全保障型工作的不足和薄弱环节，识别城市系统中存在的薄弱区域和可能导致事故发生的隐患，针对这些区域和隐患，采取针对性改进措施，强化地方各级人民政府、各部门、各单位的安全责任，落实安全措施，不断提高政府应对突发事件应急能力、安全监管能力、企业安全生产水平、市民安全素质水平，减少各类突发事件和安全事故起数和死亡人数，逐步提升城市安全水平。

因此，“十二五”期间，受国家科技支撑计划支持，中国标准化研究院对安全保障型城市评价标准开展了研究，形成了评价指标体系和评价指南标准。

（二）我国安全保障型城市评价标准研究[186]

安全保障型城市评价涉及到自然灾害、事故灾难、公共卫生、社会安全等多种类型的突发事件，又涉及对城市公共安全的历史状况的回顾评价、公共安全现状评价以及对未来应对突发事件的能力评价等时间因素，同时还体现了系统对城市公共安全状况所做出的反应。因此，在构建安全保障型城市评价指标体系时，需要从领域范畴、影响范围、时间跨度三个维度分别进行研究。如图 44 所示。

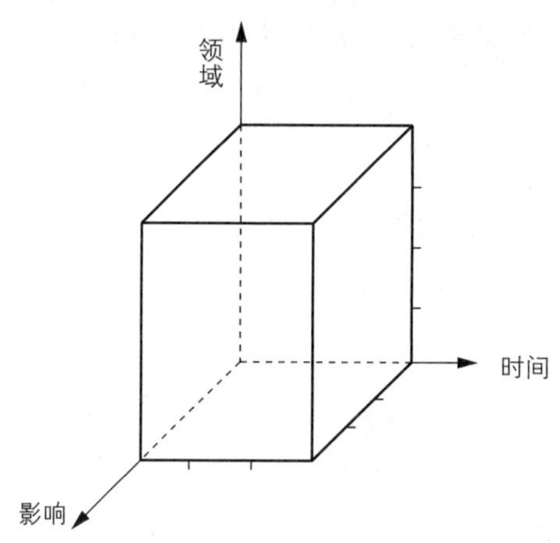

图 44　三个维度评价指标体系模型

根据对安全保障型城市评价指标体系建模中领域范畴、影响范围、时间跨度三个维度的具体分析。在领域维度方面按照公共安全突发事件分类方法分为自然灾害、事故灾难、公共卫生、社会安全四个方面。在影响维度方面借鉴公共安全体系三角形模型，分为致灾因子、承受能力、防控管理、后果状态四个方面。在时间维度方面，按照时间顺序分为过去、现状、将来三个时间段。

1. 领域维度方面

借鉴公共安全突发事件的分类方法，从自然灾害、事故灾难、公共卫生、社会安全四大方面对安全保障型城市领域维度进行研究。

（1）自然灾害

从灾害风险系统理论定义出发，将自然灾害部分划分为致灾因子、承灾体脆弱性、应灾能力和灾害后果等四个方面。考虑到城市主要自然灾害的类型,致灾因子划分为大气圈/水灾害和地质灾害两个方面;承载体脆弱性涉及人口和经济两个方面;应灾能力从基础应灾能力和专项应灾能力两个方面表征;灾害后果则包括人口和经济两个角度的指标。

从致灾因子方面:中国的自然灾害有气象灾害、地质灾害、生物灾害和森林草原火灾等四大类,各类之下都有许多具体的灾害表现形式。对这些灾害进行致险程度评估,是自然灾害风险评估中的一个重要内容,有利于因地制宜、因时制宜地制定合理的防灾规划。当评估各灾种致险程度时,首先,需要明确各灾种的具体表征参数;其次,以灾害的历史数据为基础考量已发生的每次灾害的灾变强度(或自然变异对承灾体的影响程度),及不同程度灾害的发生频次或概率。对某些灾害而言,如滑坡、泥石流,其致险程度的评估还需考量导致灾害发生的孕灾环境条件。

从承灾体脆弱性方面:承灾体脆弱性评价体系均不涉及具体自然灾害灾种,可用于多灾种复合条件下的脆弱性评价。指标体系应具有以下功能:一是具有评价功能,当灾害一旦发生,它能合理地评价区域社会、经济体系受灾害影响的程度;二是具有监测、预测功能,通过对脆弱性评价指标的分析,定量地展示沿海城市中基础设施、经济社会、政策体制等各因素对灾害可能损失函数的影响;三是可用于指导决策部门适当对区域规划进行宏观调整,以达到降低可能发生的灾害损失的目的;四是具有比较功能,在横向比较中确定不同区域的脆弱性程度,为有关部门合理、公正地进行减灾投资提供依据,同时在纵向比较中通过预测和动态分析揭示社会在发展或减灾等管理方面存在或将要出现的问题。

从应灾能力方面:应灾能力反映的是人类社会为保障承灾体免受、少受某种灾害威胁而采取的基础的及专项的防备措施力度大小。承灾体的配套应灾能力是某种灾害风险能否发生以及发生强度大小的重要影响因素。城市灾害应急能力的评价涉及多个因素的综合,供选取的指标较多,为了能够综合反映城市灾害应灾能力,本研究选取基础应灾能力和专项应灾能力作为二级指标。基础应灾能力是指有助于降低多种自然灾害风险的人力资源、财力资源和物资资源能力;专项应灾能力指的是为特定自然灾害的防治所提供的各种工程和非工程的抗灾措施力度。

(2) 事故灾难

现有研究也表明安全生产状况与安全监管体系、安全法制建设、科技投入、安全文化等因素密切相关,原国家安全生产监督管理局李毅中将其归纳为安全生产"五要素",即安全文化、安全法制、安全责任、安全科技、安全投入,可以将安全法制和安全责任合并为安全管理,安全科技和安全投入合并为安全投入与科技,而归为三要素,在这三个要素的共同作用下形成城市安全生产防控能力,实现对城市安全生产危险源的防控。

从城市安全生产危险性方面：根据城市事故灾难与城市行业结构、生产结构等方面的研究成果，一般认为事故灾难的发生与第二产业比率具有很强的相关性，而工矿商贸生产情况与就业人数是最能反映城市行业危险性的指标，因此采用这三个指标来描述城市的整体危险性；另外，城市危险化学品、煤矿、交通等行业事故发生率较高，而重大污染源和危险源等一旦发生事故极易引起重大损失。

从城市安全管理水平方面：安全管理水平重点选择影响城市整体安全性的管理性指标，因此重点从城市安全监管方面选择指标。包括安全监管人员、法制建设等方面的指标。另一方面考虑城市安全管理执行过程中形成的数据，即安全管理执行状况指标，包括职业危害申报率、标识设置率、体检率等。

从城市安全投入与科技方面：安全投入是为了提高企业的系统安全性，防范各类事故的发生，保障生产经营持续顺利进行的一种经济行为。生产经营单位必须安排适当的资金，用于改善安全设施，更新安全技术装备、器材、仪器、仪表以及其他安全生产投入，以保证生产经营单位达到法律、法规、标准规定的安全生产条件，并对由于安全生产所必需的资金投入不足导致的后果承担的责任。

从安全科技水平方面：安全生产科技工作需要以基础科研为先导，推动安全生产科技创新的指导思想，增强安全生产的科技实力及向生产力转化的能力。安全科技水平一方面反映在科技创新方面即安全相关的发明专利数，另一方面反映的科技应用方面，主要是各种监测手段的应用。

从城市安全文化方面：文化影响态度，态度主导行动，行为决定结果，结果反映文明。安全文化包括文化修养、风险意识、安全技能、行为规范等，其核心是安全素质。这里从市民和企业两个方面选择安全文化指标。

从城市安全生产事故水平方面：安全生产事故发生率是城市安全生产状况的最直接反映，按照国家安全生产规划、安全生产事故统计等方面采用的指标，这里选择两个方面的指标：一是反映城市安全事故总体水平的指标，二是反映各专项安全事故水平的统计指标。

（3）公共卫生

城市公共卫生的直接影响因素比较复杂，而孕育疾病的环境相对明确，因此，这里从公共卫生的基本概念出发，将城市公共卫生划分为城市公共卫生环境系统、城市公共卫生预防与控制系统、人群脆弱性、公共卫生后果状态等四个方面，并在此基础上建立城市公共卫生评价指标体系。

从城市公共卫生环境方面：影响城市公共卫生的因素众多，从大的方面可以分为自然环境、人工环境，自然环境主要是气象环境，而生态环境是自然环境与人相互作用的结果，城市中人工环境包括市容环境、食品环境、生产环境和人文环境等方面。

从城市公共卫生预防与控制系统方面：城市医院数量、医疗人数、设施设备等客观因素构成了城市基本医疗条件，并针对传染性疾病和慢性疾病采用不同的管理策略，从传染病预防和健康管理两个角度选择指标，另外在突发公共卫生事件情况下，应对能力也是城市公共卫生控制的重要体现。

从城市人群脆弱性方面：新生儿数量、孕产妇数量、老年人比率是公共卫生领域通用的反映人群脆弱性的指标。

从城市公共卫生后果现状方面：可以用两个方面指标进行描述，一是人群健康状况，其常用指标包括城市人口平均寿命和无伤残期望寿命；二是通过对患病率、因病死亡率的测量来描述城市公共卫生的状态。

（4）社会安全

从维护和影响社会安全的各个方面考虑，社会安全需要基于"自然—经济—社会"三大系统，即自然环境、经济、社会三大方面进行综合研究。考虑到社会安全除了受到自然环境、事故灾难、公共卫生事件影响外，还需要考虑国际和国内社会环境变化的影响，因此提出外部环境系统；经济是社会发展的基础支持，经济的稳定繁荣和发展对社会安全尤为重要，因此提出经济支撑系统。由于社会安全评价指标体系是针对社会安全领域的一种评价标准，所以对于社会方面还要进一步分为社会内部的分配保障系统、社会控制系统、社会心态系统。

外部环境方面：外部环境主要反映内外部环境对社会内部整体安全的影响和扰动作用，可分为国际、国内社会环境和自然环境两大部分。任何对于社会安全的分析研究亦不可能只局限于其内部的社会矛盾运动，而必须突破国家或地区的范围，在全球化的背景中加以考察。而自然环境灾变、事故灾难事件、公共卫生事件等，历来就使社会危机雪上加霜，产生"叠加共振"的负面效应。在当代社会，虽然科技的发展使人类的防灾抗灾能力大大增强，但是工业化的后果却使人类与自然界的关系越来越紧张，人类所受到的自然界的"报复"也日益增多。

从经济支撑方面：经济支撑主要反映社会安全所对应的经济基础方面的运行状况。根据经济社会协调发展的理论，经济增长的模式之一是不考虑产业结构，不考虑经济与社会以及环境相协调的单纯经济增长，虽然经济增长了，但是社会问题也增多了，生活质量反而下降了，从而引发社会矛盾和动荡。

从分配保障方面：分配保障主要反映作为社会安全运行根本方面的民众生存状况及社会分配结构的合理性。在生活保障方面由微观和宏观两个方面构成。微观方面主要通过个人或家庭（包括家族）等以血缘单位为主体的生活保障。宏观生存保障系统是由国家和社会提供物质帮助的一整套以社会化为标志的生活安全系统，它通过建立社会化的生活安全网，来消除市场经济竞争中产生的不安定因素和由此而引起的社会动荡。对于分配领域，我国现阶段的贫富差距和分配不公问题主要表现在城乡收入差距等方面。

从社会控制方面：社会控制主要反映社会稳定运行的调控机制和调控能力两方面的情况。社会的控制机制主要包括体现国家权力的军队、警察、法庭、监狱和各级政府在社会控制方面的投入等。具有强制性，以某种暴力的或有形的物质手段为基础。

从社会心态方面：社会心态主要反映社会稳定的社会心态层面。人的内心世界是一个矛盾的对立统一体，针对于社会稳定来说，既有正面因素，也有负面因素。

2. 影响维度方面

基于公共安全体系的三角形框架，从致灾因子、承受能力、防控管理、后果状态四大方面对安全保障型城市影响维度进行研究。

（1）致灾因子

包括自然灾害致灾因子、事故灾难中物质和环境危险源、公共卫生中的致病因子和社会安全中的不稳定因素等，是城市面临的自然、经济、社会、人口等方方面面的压力。致灾因子不仅仅包括公共安全体系三角形模型中的突发事件部分，也包括自然环境、事故灾难、公共卫生和社会安全中一些常态的和隐性的问题，这些问题通过长期的积累，达到一定程度后，同样会对城市的稳定安全造成影响。根据致灾因子的孕育环境种类不同可以划分为自然环境、生产环境、生态环境、社会经济环境，其中自然环境反映了自然异动，生产环境反映了技术异动、人为异动等，生态环境反映了人对自然的影响并反馈到社会之中，社会经济环境则反映了政治经济异动。

（2）承受能力

包括承载自然灾害、事故灾难、公共卫生和社会安全事件的人、物或系统的脆弱性、物理暴露性、易损性，是承受各类灾害和扰动的人、物或系统自身固有的属性，在一定程度上能够阻抗各类灾害和扰动，另一方面由于自身不足，也会加大各类灾害和扰动的强度。承受能力主要内容包括公共安全体系三角形模型承灾载体的自身固有的脆弱性、物理暴露性、易损性。根据承受体的种类不同，可以分为人口、结构、经济三个方面，其中人口脆弱性反映城市遭受灾害情况下可能造成是人员伤亡程度；结构脆弱性则反映城市建筑、生命线等硬件设施在灾害条件下的被破坏的可能性及程度；经济脆弱性则反映城市遭受灾害后直接和间接经济损失的程度。

（3）防控管理

防控管理是通过常态预防、临灾预警等手段减少灾害损失，包括常态和应急情况下对承受各类灾害和扰动的人、物或系统的管理控制、预防措施、事故处理等内容。公共安全体系三角形模型中的人、物或系统主要关注突发事件前后的应急对应措施，较少研究常态下城市中人、物或系统的管理和控制。从防控管理的角度不同可以分为预防保障、安全管理、应急处置、安全投入等四个方面，其中安全投入的防控管理的资金保障，而预防保障、安全管理、应急处置分别从突发事件应对的不同阶段选择指标。

(4) 后果状态

致灾因子、承受能力、防控管理三方面因素相互作用下,各种危险因素导致的后果。结合历史数据,明确人、物或系统所处于的历史状态,为防控管理提供信息数据,以便在未来更好的优化防控管理措施,提供人、物或系统的承受灾害能力,分析致灾因子的发生规律,克服和降低各种突发事件和常态灾害的危害和损失。后果现状是城市公共安全历史状况的直接反映,而历史状况的好坏也在一定程度上反映了城市公共安全的现状。城市公共安全的后果按照其类型不同可以分为人口、财产、城市运行三个方面,其中人口主要反映人员的伤亡情况、财产主要反映城市中突发事件情况下的直接损失,而城市运行则反映间接损失,即通过选择灾害对城市运行影响的指标来表征间接损失。

3. 时间维度方面

安全保障型城市评价指标体系中时间维度研究,需要根据城市历史的自然灾害、事故灾难、公共卫生等方面的历史数据来推断未来会发生什么样的突发事件、多长时间可能发生、突发事件的强度等,并评价现有的安全保障水平是否能够应对未来可能发生的各类突发事件。因此,安全保障型城市评价需要充分考虑城市的历史、现状与未来,从不同的时间维度上选择指标。而安全保障型城市评价指标体系中时间维度特性,将在构建领域维度和影响维度的具体指标的计算中加以体现。

(三) 安全保障型城市评价指标体系

综合上述领域、影响和时间各维度考虑,在评价指南中提出了指标体系如表 21 所示。

表 21 安全保障型城市评价指标体系

一级指标	二级指标	三级指标	单位
(A) 环境条件	(A1) 自然环境	极端气温天数(低温、热浪)	天
		台风(风暴潮)风险等级	—
		洪涝灾害风险等级	—
		城市干旱风险等级	—
		城市风灾(沙尘暴)风险等级	—
		雪灾风险等级	—
		地震风险等级	—
		滑坡泥石流等地质灾害风险等级	—
	(A2) 生产环境	第二产业比重	%
		单位面积重大危险源个数	个/km^2

续表

一级指标	二级指标	三级指标	单位
(A)环境条件	(A3)生态卫生环境	空气质量优良率	%
		城镇生活污水处理率	%
		城市生活垃圾无害化处理率	%
		食品药品质量抽检合格率	%
	(A4)社会经济环境	恩格尔系数	%
		城乡居民收入比值	—
		城镇登记失业率	%
		城市流动人员比例	%
		万人刑事案件立案数	件/万人
		万人贪污腐败案件数	件/万人
(B)承受能力	(B1)人口脆弱性	常住人口密度	人/km²
		人口年龄结构指数	%
	(B2)结构脆弱性	建筑物密度	%
		单位面积地下管线长度	%
		三级及以下公路占公路总长度的比例	%
	(B3)经济脆弱性	单位面积 GDP	万元/km²
(C)防控管理	(C1)预防保障	自动气象站资料传输间隔时间	min
		建筑物抗震设防等级	级
		重大危险源监控率	%
		突发公共卫生事件报告及时率	%
		刑事案件破案率	%
		基本社会保险覆盖率	%
		城区公共区域监控覆盖率	%
	(C2)安全管理	公共安全宣传指数	—
		公共安全应急演练指数	—
		安全生产教育培训指数	—
	(C3)应急处置	人均避难场所面积	km²/人
		人均道路面积	km²/人
		万人消防人员数	人/万人
		119 到达现场的平均时间	min
		万人卫生技术人员数	人/万人
		万人医疗卫生机构病床数	张/万人
		120(999)到达现场的平均时间	min
		万人人民警察数	人/万人
		110 到达现场的平均时间	min
	(C4)安全投入	公共安全财政支出占 GDP 比重	%
		社会保障财政支出占 GDP 比重	%
		医疗卫生支出财政占 GDP 比重	%
		教育财政支出占 GDP 比重	%

续表

一级指标	二级指标	三级指标	单位
(D) 后果现状	(D1) 人口伤亡	自然灾害受灾人口比重	%
		亿元 GDP 生产安全事故死亡率	人/亿元
		甲乙类法定传染病十万人死亡率	人/10 万人
		万人刑事案件死亡人数	人/万人
	(D2) 财产损失	自然灾害直接经济损失占 GDP 比重	%
		万人因灾受损、倒塌房屋数量	间/万人
		生产安全事故直接经济损失占 GDP 比重	%
		百公里地下管线事故数	起/百公里
		道路受损比率	%

第六章 结论与建议

一、尽快组建我国城市可持续发展标准化技术委员会

我国还未成立专门的TC负责对口城市可持续发展国际标准化工作，根据我国城镇化发展的要求和城市可持续发展国际标准的需要，国内应尽快成立城市可持续发展标准化技术委员会，对口ISO/TC 268标准化工作。2012年年底，中国标准化研究院公共安全标准化研究所提出组建我国城市可持续发展标准化技术委员会，2013年年初进一步完善了我国城市可持续发展标准体系。面对我国城镇化进程不断加快，国际标准研制加快的背景下，2015年4月，国家标准化管理委员会发文批准筹建全国城市可持续发展标准化技术委员会，并由中国标准化研究院承担秘书处。2015年7月，中国标准化研究院按照技术委员会组建要求公开征集委员，预计在2015年年底前完成组建工作。

根据全国城市可持续发展标准化技术委员会筹建方案，全国城市可持续发展标准化技术委员会主要工作范围包括四个方面：一是为我国城市宏观管理提供技术支撑，并向有关行政部门提出专业标准化工作的方针、政策和技术措施的建议；二是按照国家制/修订标准的原则和方针，负责组织、提出并制/修订城市可持续发展标准体系表，提出制/修订城市可持续发展标准化领域的国家标准年度计划和建议，组织和协调城市可持续发展领域内的国家标准制/修订工作；三是积极开展城市可持续发展领域内的国家标准宣贯和应用实施工作；四是对口ISO/TC 268工作，在国家标准化管理委员会的领导下承担与国际相关的标准化技术业务工作，参加国际标准化活动，组织或参加国际标准的制/修订工作。

二、紧密跟踪并实质参与 ISO 城市可持续发展国际标准化工作

随着全球城镇化进程的加快，国际组织对城镇化开展了深入研究。联合国人居署（UN HABITAT）、联合国环境规划署（UNEP）、世界银行（World Bank）、世界发展研究中心（IDRC）、经合组织（OECD）、地方环境行动国际委员会（ICLEI）等国际组织，法国、加拿大、日本、英国、德国等发达国家十分重视城市可持续发展国际标准化工作。现阶段，ISO/TC 268 的三项国际标准都是由已经进入城镇化成熟阶段的发达国家提出，涵盖了包括政治体制、经济、金融、文化、环境等城市管理的各个方面，由于我国的政治制度和经济制度与欧美发达国家存在很大差异，谨防发达国家以制定国际标准为名，行“和平演变”之实，通过国际标准中政治体制、经济、金融、文化、环境等方面的指标，遏制我国经济、社会发展。如何在将要成为城市可持续发展国际标准中反映我国乃至广大发展中国家城市管理的现实，就要求我们必须在紧密跟踪国际标准进展，深入分析提案中的每一项指标，尤其是对我国城市发展不利的指标，要有理、有利、有节地提出适宜于我国城镇化进程的相关指标。

2012 年 11 月 29 日，ISO/TC 268 国内技术对口专家工作组成立以来，通过中国标准化研究院的组织，以三个对口单位为基础，开展了卓有成效的国际标准化对口工作，争取到了 ISO/TC 268/SC1 副主席职位，参加了 ISO/TC 268 标准术语工作组和标准推广工作组，三个专题组分别对口 ISO/TC 268 的三个 WG，较好地开展了国际标准的技术对口工作：一是针对国际标准提案，研究提出中方意见，并通过对口单位向 ISO/TC 268 及时反馈；二是结合我国城市可持续发展进程，研究提出了两个预工作项目。我们将以中国城市可持续发展实践经验基础上，提出更多国际标准提案，不断增强我国在 ISO/TC 268 中的话语权，逐步引领国际标准化工作。

我国城镇化进程不断加快，我国城镇化的发展具鲜明的中国特色，且我国开展城市可持续发展的研究实力较强，具备将我国城市可持续发展的优秀实践方法和措施推向国际，实质参与国际标准化工作，增强我国在制定城市可持续发展国际标准过程中的话语权。

三、加快构建、完善城市可持续发展标准体系

随着我国城镇化进程的加快，城市发展日新月异，对标准的需求也不断变化。因此，加快构建城市可持续发展标准体系，需要进一步完善标准体系。

我国对城市可持续发展的研究起步较早,参与的研究单位包括中科院、社科院和大学,涉及的范围也很广,所开展的研究也主要围绕城市可持续发展的某一方面重点展开。城乡建设部等部委发布了若干涉及城市发展的部门文件,主要包括国家低碳城市标准、国家园林城市标准、国家卫生城市标准、全国无障碍建设城市标准、国家创业型城市标准、国家节水型城市标准、国家宜居城市标准、国家森林城市标准、国家旅游城市标准、国家生态城市标准、国家数字城市标准等。但这些研究和文件基本都是从卫生、宜居、旅游等城市发展的某一方面或某几个方面提出的指标体系并没有涵盖城市可持续发展的经济、社会、环境的各个方面。在我国城镇化进程不断加快,国际标准已经起步的背景下,应积极参与可持续发展国际标准制定,并结合我国城镇化发展实际情况加快研究制定城市可持续发展的相关标准,建立城市可持续发展标准体系。现阶段,必须加强基础性、通用性标准的研究和制定,特别是指导城市可持续发展的管理体系、要求、指南等,并随着我国城镇化建设的不断深入,研究制定不同类型城市可持续发展的具体要求和管理标准。

四、加大对城市可持续发展标准化的支持力度

面对城市可持续发展国际标准化的发展趋势和国内城镇化进程不断加快的形势,国家应加大对城市可持续发展标准化研究的支持力度。城市可持续发展标准化研究工作的长期目标是建立符合国际发展趋势,满足我国城镇化发展的城市可持续发展标准体系。因此,在项目、课题申请中予以优先考虑,并围绕城市可持续发展的需要,分阶段、有重点地给予支持。根据前期研究,近期标准研制的重点是城市可持续发展基础性、通用性标准,如表 22 所示。

表 22 城市可持续发展基础性、通用性标准研制计划

序号	标准名称	国际国外标准号及采用关系	计划立项
1	城市可持续发展 术语	ISO 37102	2015
2	城市可持续发展 关于城市服务和生活品质的指标	ISO 37120	已立项
3	城市可持续发展 可持续发展潜力评估方法		2015
4	城市可持续发展 生态系统生产总值(GEP)计算方法		2015
5	城市可持续发展 管理体系 基本要求和原则	ISO 37101	2015
6	城市可持续发展 社区(居民区)可持续发展指南		2015
7	城市可持续发展 管理体系 绩效指标	采用国际标准	2016
8	城市可持续发展 商务区可持续发展指南	IWA 9	2016

续表

序号	标准名称	国际国外标准号及采用关系	计划立项
9	城市可持续发展　智慧城市评价指标体系	采用国际标准	2016
10	城市可持续发展　标准体系　体系框架		2016
11	城市可持续发展　城市分类		2016
12	城市可持续发展　城市居民指南		2017
13	城市可持续发展　低碳城市评价指标体系	采用国际标准	2017
14	城市可持续发展　城市恢复力评价指标体系	采用国际标准	2017
15	城市可持续发展　工业园区可持续发展指南	采用国际标准	2017
16	城市可持续发展　管理体系　绩效评估	采用国际标准	2017
17	城市可持续发展　城市管理者指南		2018
18	城市可持续发展　管理体系　服务周期计划	采用国际标准	2018
19	城市可持续发展　管理体系　生命周期成本	采用国际标准	2018
20	城市可持续发展　企业指南		2018

实现城市实现可持续发展是一个持续而渐进的过程，需要将城市可持续发展标准向城市管理者、研究人员、广大居民进行宣传，并推动其在城市发展中的应用。通过及时衡量和检验城市可持续发展进程中的成绩与欠缺，以更好地实现城市人口、经济和资源环境之间的协调发展。根据对我国 36 个大型城市可持续发展状况的评估，总体而言，我国城市发展取得了较大进步，在教育、卫生、固体垃圾处理、供水、供电、交通、废水处理、安全、科技与创新等方面与发达国家的差距正在逐步缩小，部分指标已经与发达国家城市接近或相同，但仍然存在许多数据缺失，这些数据统计的缺失意味着可持续发展标准在很多城市还没有得到充分运用与推广。因此，在不断加大标准制定研究力度，促进可持续标准体系化建设的同时不能忽视标准的实际应用，必须加大可持续发展标准的推广应用，唯有如此，才能真正实现可持续发展标准的真正价值和标准化工作的意义，促进可持续发展建设，实现建设“美丽中国”的总目标。

参 考 文 献

[1] 杨锋,刘俊华,刘春青.浅析社区可持续发展国际标准工作领域及其进展[J].标准科学,2013(10):6-9.

[2] ISO/TC 268. ISO/TC 268 business plan[R]. 2013.

[3] 全国干部培训教材编审指导委员会.生态文明建设与可持续发展[M].人民出版社,党建读物出版社,2011.

[4] 联合国.大会可持续发展目标开放工作组的报告[R].2014.

[5] 栾凤云.联合国人居署与联合国环境规划署通力合作[J].人类居住,2009(2):6-7.

[6] 联合国人居中心.城镇化的世界[M].北京:中国建筑工业出版社,1999.

[7] UNEP. Melbourne Principles for Sustainable Cities[R]. 2002.

[8] Mark Hildebrand, Trevor Kanaley and Brian Roberts. Strategy Paper—Sustainable and Inclusive Urbannization in Asia Pacific[M]. UNDP, 2013:22-23.

[9] UN-Habitat. Urban Governance Index— Conceptual Foundation and Field Test Report [R]. 2005.

[10] 联合国环境规划署.亚太地区城市环境评估手册[R].2009.

[11] 联合国系统工作组.实现我们共同憧憬的未来—为秘书长的报告[R].2012.

[12] 联合国.2014年主题:城市转型与发展[OL]. http://www.un.org/zh/events/citiesday/.

[13] 世界银行增长与发展委员会.增长报告——可持续增长和包容性发展的战略[M].中国金融出版社,2008.

[14] Graham Haughton, Colin Hunter. Sustainable Cities(Regions, Cities and Public Policy)[M]. Routledge, 2003.

[15] Daiel Hoornweg, Mila Freire. Building Sustainability in an Urbanizing World——A Partnership Report [R]. 2013:9-12.

[16] 曼纳·彼得·范戴克等.新兴经济中的城市管理[M].中国人民大学出版社,2006.

[17] Kennedy, Christopher, Daniel Hoornweg. Mainstreaming Urban Metabolism[J].

Journal of Industrial Ecology, 2012 16(6): 780-782.

[18] Discussion among participants in the "sustainable Urban system" workshop at International Society of Industrial Ecology, Six International Conference, Berkeley California. June 7-10 2011.

[19] ICLEI. STAR FRAMEWORK[OL]. http://www. starcommunities. org/rating-system/framework/.

[20] World Bank Group. East Asia's Changing Urban Landscape—Measuring a Decade of Spatial Growth[R]. 2015: 41-59.

[21] 杨锋等. 标准化的经济效益研究综述[J]. 世界标准化与质量管理, 2008(12): 25-29.

[22] SAC. 英国标准学会(BSD)[OL]. Http://www. sac. gov. cn.

[23] Jungmittag, A., Blind, K., Grupp, H. Innovation, Standardisation and the Long-term Production Function: A cointegration Analysis for Germany 1960—1996[J]. ZWS, 1996, 119: 205-222.

[24] ISO 著、深圳市市场监督管理局和深圳市标准技术研究院译. 标准的经济效益——全球案例研究 [M]. 中国标准出版社, 2012.

[25] ISO 著、深圳市市场监督管理局和深圳市标准技术研究院译. 标准的经济效益——全球案例研究(二)[M]. 中国标准出版社, 2012.

[26] WTO. World Trade Report 2005: Exploring the Links Between Trade, Standards and the WTO[R]. 2005.

[27] 李春田. 标准化概论(第四版)[M]. 北京: 中国人民大学出版社, 2005: 415-418.

[28] Blind. Technology, Innovation and the Role of Standards in the Global Economy[J]. ISO Focus, 2007(6): 43-45.

[29] Blind. The Economics of Standards—Theory, Evidence, Policy [M]. Edward Elgar, 2004.

[30] 环境保护部. 国家环境保护标准"十二五"发展规划[C]. 2013.

[31] 刘春青. 论标准对公共政策的支撑作用[J]. 科技与法律, 2011, 90(2): 7-10.

[32] 刘春青等. 国外强制性标准与技术法规研究[M]. 北京: 中国质检出版社, 中国标准出版社, 2013: 46-47.

[33] 孙荣、徐红、邹珊珊. 城市治理: 中国的理解与实践[M]. 上海: 复旦大学出版社, 2007: 7.

[34] ISO/TC 268/SC1. ISO/PWI 37151. 2 Smart community infrastructures-General principles and requirements[R]. 2013.

[35] ISO. Forging action from agreement——How ISO standards translate good intentions

about sustainability into concrete results[R]. 2013.

[36] Roger Forest. On the road to Sustainability[J]. ISO Focus+,2012,3(1):10-12.

[37] ISO. Smart Cites[J]. ISO Focus+,2013(1):26.

[38] 杨锋,刘春青,李忠强. 可持续发展国际标准化进展与展望[J]. 中国经贸导刊,2014(1):52-55.

[39] 杨锋,刘俊华,刘春青. 城市管理指标研究及展望[J]. 标准科学,2012(5):51-58.

[40] SAC代表团. 国家标准委组团赴法国参加ISO/TC 268第一次全会总结报告[R]. 2013.

[41] ISO/TC 268. ISO/TC 268 2015 secretary report [R]. 2015.

[42] 杨锋,刘俊华. 标准支撑城市可持续发展——ISO/TC 268的组建及我国参与情况[J]. 标准生活,2013(3):26-31.

[43] ISO/TC 268. ISO/CD 37101 Communities sustainable development and resilience-Management system:part 1-General principles and requirements[S]. 2013.

[44] ISO 37120:2014 sustainable development of communities——indicators for city services and quality of life[S]. 2014

[45] ISO/TC 268. ISO/TR 37121 Inventory and review of existing indicators on Sustainable Development and Resilience in Cities[S]. 2013.

[46] ISO 37151:2015 Smart community infrastructures-principles and requirements for performance metric[S]. 2015.

[47] ISO/TR 37150:2014 Review of works relevant to smart community infrastructure metrics and future directions of standardization[S]. 2014.

[48] ISO/TC 268. ISO/DIS 37101 Communities sustainable development and resilience-Management system—General principles and requirements[S]. 2015.

[49] 中国社会科学院《城镇化质量评估与提升路径研究》创新项目组. 中国城镇化质量综合评价报告[R]. 2013.

[50] United Nations Department of Economic and Social Affairs. World urbanization prospects 2014 edition[R]. 2014.

[51] 布莱恩·贝利. 比较城镇化——20世纪的不同道路[M]. 北京:商务印书馆,2008.

[52] 杨锋,刘春青. 欧洲城市可持续发展研究[J]. 标准科学,2013(6):14-19.

[53] 杨锋,刘俊华,刘春青. 城市管理指标研究与展望[J]. 标准科学,2012(5):51-58.

[54] GCIF. 全球城市指标——评估与监测城市绩效的一种综合方式(摘要报告)[R]. 2011.

[55] ISO/TC 268第三次全会中国代表团. 国家标准委组团赴加拿大参加ISO TC 268

第三次全会总结[R]. 2014.

[56] 中央政府门户网站. 国家新型城镇化规划(2014—2020 年)[OL]. http://www.gov.cn/zhengce/2014-03/16/content_2640075.htm.

[57]《中华人民共和国可持续发展国家报告》编写组. 中华人民共和国可持续发展国家报告[R]. 2012.

[58] 新华网. 背景资料:亚洲基础设施投资银行[OL]. http://news.xinhuanet.com/fortune/2015-03/18/c_1114687561.htm.

[59] 中国标准化研究院. 国家标准委组团赴巴巴多斯参加 ISO TC 268 工作组会议总结[R]. 2015.

[60] ISO. IWA 9:2011 Framework for managing sustainable development in business districts[S]. 2011.

[61] OCED,中国发展研究基金会. 经合组织国家的城镇化趋势和政策——对中国的启示[R]. 2010.

[62] OECD. Cities and Green Growth:A Conceptual Framework[R]. 2011.

[63] OECD. OECD Environment Outlook to 2050-the consequences of inaction[R],2012:25.

[64] OECD. How's Life? Measuring Well-being[OL] ,http://www.oecdbetterlifeindex.org/,2014.

[65] OECD. How's Life? Measuring Well-being[R] ,2011:18-21.

[66] United Nations. World Urbanization prospects:the 2011 revision[R]. 2012.

[67] APEC. shaping the future through an Asian-Pacific partnership for urbanization and sustainable city development[R]. 2014.

[68] World Bank. Workers in the informal economy[R]. 2014.

[69] Economist. Hold the catch-up[R]. 2014.

[70] Kuznets. Toward a theory of economic growth. National policy for economic welfare at home and abroad ed. R. Lekachman. Garden city,New York:Doubleday,1995.

[71] UN-Habitat and ESCAP. The state of Asian Cities 2010/2011[M]. Bangkok,2010:166.

[72] World Bank. Cities and climate change:An urgent agenda[R]. 2010.

[73] Roberts,B. and T. Kanaley,eds. Urbanization and sustainability in Asia: Case studies of good practice[R]. Manila:Asian Development Bank and Cities Alliance.

[74] Central Intelligence Agency. The world fact book[R]. 2014.

[75] Asian Development Bank. Asian Development Outlook 2012,Confronting rising inequality in Asia[R]. 2012.

[76] 国家统计局. 2013 年国民经济发展稳中向好[OL]. http://www.stats.gov.cn/tjsj/zxfb/201401/t20140120_502082.html.

[77] Chen,S.,M. Ravallion. Absolute poverty measures for the developing world,1981—2004[J]. Proceedings of the National Academy of Sciences,2007,104(43):16757—16762.

[78] UN-Habitat. Urban governance index[R]. 2007.

[79] ADB. The state of Pacific towns and cities—Urbanization in ADB's Pacific developing member countries[R]. 2012.

[80] Mark Hildebrand,Trevor Kanaley and Brian Roberts. Strategy paper—Sustainable and inclusive urbanization in Asia Pacific[R]. UNDP,2013:51-58.

[81] European Metropolitan network Institute. Activities of the European Union on sustainable urban development—A brief overview[R]. 2012:8-9.

[82] European Commission. World and European Sustainable Cities—Insights from EU Research[R]. 2010:6.

[83] European Union. Cities of tomorrow—challenges, visions, ways forward[R]. 2011:15-30.

[84] 世界银行. 城市发展统计数据[OL]. http://data.worldbank.org.cn/topic/urban-development.

[85] EU. LEIPZIG CHARTER on Sustainable European Cities[R]. 2007.

[86] 联合国经济与社会事务部 人口司. 全球城镇化展望(2009 年修订版)[R]. 2010.

[87] McKinsey Global Institute. Beyond Austerity:A Path to Economic Growth and Renewal in Europe[R]. 2010.

[88] Eurostat. The Social Situation in the European Union 2009[R]. 2010.

[89] European Environment Agency. The European Environment-State and Outlook 2010,Urban Environment9[M]. Copenhagen,2010.

[90] The Economic and Social Committee of the European Parliament. Sustainable Urban Development in the European Union:A Framework for Action[R]. 2003:1-2.

[91] 搜狐网. 莱比锡宪章:让居民从郊外返回城市中心[OL]. http://business.sohu.com/20070528/n250266172.shtml.

[92] European Commission. 50 Good Practices in Urban Development—Supported by the European Regional Development Fund During the 2007—2013 Programming Period[R]. 2013.

[93] European Commission. Europe 2020—A European Strategy for Smart,Sustainable and Inclusive Growth[M]. Brussels,2010.

[94] The European association of local authorities in energy transition. 30 energy cities'

proposals for the energy transition of cities and towns[R]. 2014.

[95] European Commission. European sustainable cities[R]. 1996:30-80.

[96] European Foundation. Urban Sustainability Indicators[R]. 1998:7.

[97] Eurostat. Sustainable development in the European Union—2013 monitoring report of the EU sustainable development strategy[R]. 2013.

[98] RFSC. A European Vision of the Sustainable City[OL]. http://app. rfsc. eu/texts?tsh=2&a=18.

[99] Daniel Lešinsk ý, C DV-TU Zvolen, Slovakia & CEPTA. Sustainable Cities EU Legislation and Supporting Programmes[R]. 2011.

[100] 刘春青. 国外强制性标准与技术法规研究[R]. 2013.

[101] CEN, CENELEC. CEN-CENELEC response to the EC Communication—A strategic vision for European standard: moving forward to enhance and accelerate the sustainable growth of the European economy by 2020[R]. 2011.

[102] CEN, CENELEC. CEN-CENELEC Position Paper on Horizon 2020[R]. 2012.

[103] CEN-CENELEC Management Centre. European Standards —Supporting sustainable development[R]. 2011.

[104] CEN. Technical Bodies[OL]. http://standards. cen. eu/dyn/.

[105] CEN-CENELEC. Working programme 2014 European standardization and related activities[R]. 2014.

[106] CEN-CENELEC. Working Programme 2015 European standardization and related activities[R]. 2015.

[107] CEN. Consumer Products[OL]. http://www. cen. eu/work/areas/consumerproducts/Pages/default. aspx.

[108] CEN-CENELEC. Research & Innovation[OL]. http://www. cencenelec. eu/research/Pages/default. aspx.

[109] CEN. Healthcare[OL]. http://www. cencenelec. eu/go/healthcare.

[110] CEN. Environment[OL]. https://www. cen. eu/WORK/AREAS/ENV/Pages/default. aspx.

[111] CEN-CENELEC. CEN-CENELEC-ETSI Coordination Group 'Smart and Sustainable Cities and Communities' (SSCC-CG) [OL]. http://www. cencenelec. eu/standards/Sectors/SmartLiving/smartcities/Pages/SSCC-CG. aspx.

[112] 高鑫. 试析英国经验对武汉城市圈"两型"社会速设的启示[J]. 湖北社会科学, 2010(4):73.

[113] 王红续. 英国实践可持续发展理念的经验[J]. 中国与世界, 2008(12):42.

[114] BSI. Sustainable Development[OL]. http://www. bsigroup. com/Sustainability-Standards-Navigator/Themes/Sustainable-Development/.

[115] Scott Steedman . The Role of Standards in City Management[R]. Beijing,2013.

[116] BSI. BS 8904:2014 Guidance for community sustainable development[S]. 2014.

[117] 胡红茎,杨锋. 城市可持续发展之伦敦[J]. 标准生活,2013(3):74-78.

[118] 刘春青,王莘. 城市可持续发展之美国[J]. 标准生活,2013(3):66-69.

[119] 顾蕾,杨锋. 城市可持续发展之纽约[J]. 标准生活,2013(3):70-73.

[120] 王忠合. 美国城市轨道交通工程噪声环境影响评价标准探析[J]. 铁道劳动安全卫生与环保,2005,32(1):15.

[121] 澧县人民政府网. 第4期:中国最早的城市—城头山[OL]. http://www. li-xian. gov. cn/zj/ShowArticle. asp? ArticleID=7721.

[122] 国家统计局. 2014年国民经济和社会发展统计公报[OL]. http://www. stats. gov. cn/tjsj/zxfb/201502/t20150226_685799. html.

[123] United Nations Department of Econmic and Social Affairs. World Urbanization Prospects:the 2014 revision[OL]. http://esa. un. org/unpd/wup/.

[124] 何传启. 中国现代化报告2013:城市现代化研究[M]. 北京:北京大学出版社,2014.

[125] 周干峙. 中国城镇化道路的回顾与质量评析研究[R]. 2013.

[126] 中央政府门户网站. 聚焦中央经济工作会议六大看点:2015年经济新动向[OL]. http://www. gov. cn/zhengce/2014－12/11/content_2789868. htm.

[127] 刘航宇. 经济全球化对中国贫富差距的影响研究[J]. 改革与开放,2015(1):70,76.

[128] 冯周卓,张叶. 衡量城市健康发展的处理机制与治理秩序[J]. 中国学术电子期刊杂志,2015:10-15.

[129] 梁倩. 12省会酝酿建设新城新区 严防盲目扩张风险[N]. 经济参考报,2013.9.27.

[130] 魏后凯. 中国城镇化和谐与繁荣之路[M]. 北京:社会科学文献出版社,2014:31.

[131] 马宏伟. 学者:一些地方城镇化过于粗放 大量征地盲目扩张[OL]. http://www. chinanews. com/gn/2013/11－10/5483471. shtml.

[132] 杨锋,刘俊华. 城市与社区可持续发展标准体系初探[J]. 标准科学,2013(6):6-9.

[133] 世界银行数据库. 城市发展[OL]. http://data. worldbank. org. cn/topic/urban-development,2013-4-27.

[134] 中华人民共和国外交部. 2012年联合国可持续发展大会中方立场文件[OL].

http://www.fmprc.gov.cn/mfa_chn/ziliao_611306/tytj_611312/zcwj_611316/t873034.shtml,2013-4-27.

[135] 杨锋等.城市可持续发展评价关键技术标准研究建议[J].中国经贸导刊,2014(4)上:67-71.

[136] 联合国.实现我们共同憧憬的未来——给秘书长的报告[R].2012:37.

[137] 莫法特[英] 等著,肖文丁译.定量化和模型化的可持续发展[M].北京:科学出版社,2009:182-234.

[138] Bluepath City Consulting. Beautiful China: Eco city Indicators Guidebook[M]. Beijing: Tongxin Press,2013:50-63.

[139] 董山峰等.城市可持续发展潜力评估方法[J].标准科学,2014(11):13-18.

[140] 中新天津生态城指标体系课题组.导航生态城市一中新天津生态城指标体系实施模式[M].北京:中国建筑工程出版社,2010:69-70.

[141] 董山峰,孟凡奇.生态城镇化发展质量控制标准研究与实践[J].城市与环境研究,2013,01(01):79-90.

[142] 杨锋等.从城市可持续发展国际标准看人权问题[J].标准科学,2014(11):6-12.

[143] 杨锋,刘俊华,刘春青.城市指标体系(GCI)国际标准进展及应用[J].标准生活,2013(3):32.

[144] 新华网.中国共产党第十八届三中全会报告《中共中央关于全面深化改革若干重大问题的决定》[OL].新华网:http://www.sc.xinhuanet.com/content/2013—11/15/c_118164288.htm,2013 年 11 月 15 日.

[145] 李克强.让改革发展成果惠及全体人民[OL].新华网:http://news.xinhuanet.com/politics/2013—10/21/c_117809444.htm,2013 年 10 月 21 日.

[146] 人民网.中国向联合国理事会提交的《国家人权报告》[OL].人民网:http://world.people.com.cn/n/2013/0925/c1002—23022940.html,2013 年 9 月 25 日.

[147] 欧阳志云等.生态系统生产总值核算:概念、核算方法与案例研究[J].生态学报,2013,33(11):6747-6761.

[148] 中国标准化研究院.国家标准委组团赴丹麦参加 ISO TC 268 全会及工作组会议总结[R].2013.

[149] 杨锋,刘俊华.建设"美丽中国"的根本途径是走可持续发展之路[J].中国标准化,2014(1):57-61.

[150] 胡锦涛.坚定不移沿着中国特色社会主义道路前进 为全面建成小康社会而奋斗——在中国共产党第十八次全国代表大会上的报告[M].北京:人民出版社,2012.

[151] 中国政府网. 中共中央 国务院关于加快推进生态文明建设的意见[OL]. http://www.gov.cn/xinwen/2015－05/05/content_2857363.htm.

[152] 杨锋等. 海南省美丽乡村建设调查报告[J]. 中国经贸导刊,2014(11):24-27,35.

[153] Roger Gareth Frost. ISO tackles urban challenges with inspiration from Aristotle [J]. NIKKEI Asian Review,2015(3):52-53.

[154] 杨锋等. 新型城镇化背景下的城市可持续发展研究[J]. 标准科学,2013(6):10-13.

[155] 新华网. 李克强会见世界银行行长金墉[OL]. http://news.xinhuanet.com/politics/2012－11/29/c_113845128.htm.

[156] 人民网. 中央经济工作会议首提"积极稳妥推进城镇化"[OL]. http://politics.people.com.cn/n/2012/1217/c70731－19918683.html.

[157] 李强、陈宇琳、刘精明. 中国城镇化"推进模式"研究[J]. 中国社会科学,2012(07):82-100,204.

[158] 温家宝. 政府工作报告—2013 年 3 月 5 日在第十二届全国人民代表大会第一次会议上[M]. 北京:人民出版社,2013:28-29.

[159] 中华人民共和国统计局. 中国统计年鉴 2012 [OL]. http://www.stats.gov.cn/tjsj/ndsj/2012/indexch.htm.

[160] 联合国经济及社会理事会 亚太经济社会委员会. 可持续城市发展方面的新老问题——秘书处的说明[R]. 2012.

[161] 经济观察网. 中农办主任:城镇化率实际只有 35%～36%[OL]. http://www.eeo.com.cn/2012/0403/223946.shtml.

[162] 国务院发展研究中心. 如何认识中国城镇化的真实水平[R]. 2013.

[163] 中科院生态环境研究中心. 生态文明建设战略研究[R]. 2010.

[164] 中国环境监测总站. 2013 年 1 月 74 个城市空气质量状况月报[OL]. http://www.cnemc.cn/publish/totalWebSite/news/news_33885.html.

[165] 人民网. 北京 PM2.5 值逼近 1000 雾霾天气还将持续[OL]. http://env.people.com.cn/n/2013/0113/c74877－20183558－2.html.

[166] 陈锐等. 世界与中国城镇化之路——从理念共识到共同行动[M]. 北京:社会科学文献出版社,2012:6-19.

[167] 杨锋等. 智慧城市标准化发展研究[J]. 中国经贸导刊,2014(6):4-9.

[168] UN. World Urbanization Prospects, the 2011 Revision[R]. 2012:3.

[169] 联合国开发计划署驻华代表处,中国社会科学院城市发展与环境研究所. 中国人类发展报告 2013——可持续与宜居城市:迈向生态文明[M]. 中国出版集团

公司,中国对外翻译出版有限公司,2013:58.

[170] Jane A. Peterson. Reinventing Cities for People and the Planet [R]. Worldwatch Institute,1999:7.

[171] 世界经济论坛. 加快建设可持续发展的智慧城市[R]. 2013:6-15.

[172] Intelligent Community Forum. Top 7 by Year[OL]. https://www. intelligentcommunity. org/,2014-4-25.

[173] 人民网. 习近平:人民对美好生活的向往就是我们的奋斗目标[OL]. http://cpc. people. com. cn/18/n/2012/1116/c350821—19596022. html.

[174] 中央政府门户网站. 国务院总理 李克强:政府工作报告——2014 年 3 月 5 日在第十二届全国人民代表大会第二次会议上[OL]. http://www. gov. cn/guowuyuan/2014—03/05/content_2629550. htm.

[175] 中国标准化研究院. 智慧城市标准化研究报告[R]. 2013:25-34.

[176] 中国电子技术标准化研究院. 中国智慧城市标准化白皮书[R]. 2013:26-35,39-41.

[177] ISO/TC 268 国内技术对口专家工作组. 智慧城市国际标准化交流会总结报告[R]. 2014.

[178] 仇宝兴. 中国智慧城市发展研究报告(2012—2013 年度)[M]. 北京:中国建筑工业出版社,2013:4-5,249-251.

[179] 任冠华,宋刚. 智慧城市建设标准体系初探[J]. 标准科学,2014(3):14-17.

[180] 国家标准化管理委员会.《关于成立国家智慧城市标准化协调推进组、总体组和专家咨询组的通知》(标委办工二[2014] 33 号),2014.

[181] 新华日报. 南通力争 3 年建成国家级智慧城市[OL]. http://cpc. people. com. cn/n/2014/0217/c87228—24374137. html.

[182] 新华网. 住建部:智慧城市建设相关投资或将超 4400 亿元[OL]. http://news. xinhuanet. com/fortune/2013—04/11/c_115356252. htm.

[183] 杨锋. 城市公共基础设施管理和服务体征测度技术方法研究报告[R]. 2015.

[184] OECD. Infrastructure to 2030——Telecom,Land Transport,Water and Electricity [R]. 2006.

[185] Eric Dickson,Judy L. Baker,Daniel Hoornweg,and Asmita Tiwari. Urban Risk Assessments——Understanding Disaster and Climate Risk in Cities [M]. The World Bank Group,Washington,D. C. 2012:21-34.

[186] 中国标准化研究院. 安全保障型城市评价指标体系研究[R]. 2014.

缩 略 语

AFNOR	法国标准化协会
APEC	亚太经合组织
BSI	英国标准化协会
CEN	欧洲标准委员会
CENELEC	欧洲电工标准化委员会
DIN	德国标准化协会
DIS	国际标准草案
EU	欧洲联盟
FDIS	国际标准最终草案
FIDIC	国际咨询工程师联合会
GCIF	全球城市指标机构
ICLEI	地方政府环境行动理事会
ICT	信息和通信技术
IDRC	世界发展研究中心
IEA	国际能源署
IEC	国际电工委员会
IPCC	联合国政府间气候变化专门委员会
ISO	国际标准化组织
ITU	国际电信联盟
IWA	国际研讨会协议
JISC	日本工业标准调查会
JTC	联合技术委员会
JWG	联合工作组
NGO	非政府组织
OECD	经济合作与发展组织
SAC	国家标准化管理委员会
SC	分技术委员会

TC	技术委员会
UNDP	联合国开发计划署
UNEP	联合国环境规划署
UN-HABITAT	联合国人居署
WCCD	世界城市数据委员会
WG	工作组
WHO	世界卫生组织
WTO	世界贸易组织

后　记

城市可持续发展是国际社会普遍关注的热点，标准作为推动城市可持续发展的重要技术支撑备受各界关注。城市可持续发展标准化既是一个老话题，又是一个新话题。说它老，是因为ISO成立以来就一直围绕可持续发展的经济、环境、社会发展开展相关标准化工作；说它新，是因为ISO是2012年才批准成立ISO/TC 268，从宏观层面系统考虑城市可持续发展标准化问题。2011年开始对口支持国家标准化管理委员会国际合作部开展城市可持续发展相关国际标准技术支撑工作，2012年正式负责ISO/TC 268的国内技术对口工作以来，本人一直如履薄冰，一方面是因为城市可持续发展涉及到经济、社会、环境、文化、治理、基础设施等诸多方面，国际标准化工作又要求严谨，需要学习大量文献资料；另一方面是因为城市可持续发展标准化工作受到各界关注，每一项国际标准的投票都需要与相关部门、机构开展大量的沟通、协调工作。所幸的是，一直以来本人得到国家标准化管理委员会国际合作部、服务业部领导，以及中国标准化研究院、公共安全标准化研究所领导和同事的大力支持，也得到了包括中科院生态环境研究中心、住建部中国城市科学研究会等合作单位领导和专家的支持，在此深表感谢！也希望各界领导、专家在未来的城市可持续发展标准化研究工作中一如既往地给予支持。

本书是本人在近五年来开展城市可持续发展标准化研究工作的初步总结，书中所提出的观点和看法还有待进一步完善和提高。希望社会各界专家多提宝贵意见，也希望社会各界专家积极参加城市可持续发展标准化工作，共同推进我国城市可持续发展标准化工作不断前进，有力支撑我国新型城镇化建设，为建设“美丽中国”添砖加瓦。

2015年9月30日